よくわかる
雷サージ対策技術

(株)昭電 柳川 俊一 著

日刊工業新聞社

はじめに

　19世紀後半から電力輸送のために送電線や配電線が数多く建設された。送電線や配電線は高い構造物であることから，自ら雷を受ける頻度も高くなり，多くの地域で雷被害に悩まされた。雷被害によって引き起こされる停電や機器の破損により，日常生活に支障をきたすことは大きな問題であった。これらの被害を低減するために，電力会社などは雷害対策に関する研究や技術開発を精力的に進め，今日では雷による停電はかなり減少してきている。同じくして鉄道事業者や放送事業者なども同様に研究や技術開発を推進し，輸送障害や放送障害などもかなり減少してきているが，まだまだ皆無というところまでは達していないのが現状であるように思える。さらに，2011年3月の東日本大震災から端を発し，わが国の電力事情が一変することとなった。低炭素化社会の実現に向けた取り組みとして再生可能エネルギーの利用拡大と電気のスマート利用が進められてきており，風力発電システムや太陽光発電システムなどを利用した分散電源を電力系統に接続して環境に配慮した電力供給グリッドが構築されてきている。これらのシステムの設置環境は，風況のよい山間部や遮蔽物がない広大な敷地となるため，落雷を受ける頻度が高まっている。

　一方，近年の急速な技術の進歩によって情報社会が高度化され，使用する機器の扱う電圧も低くなってきているとともに，ネットワークを構築するなどの通信線が接続されることが当たり前のようになってきており，ますます過電圧に対する絶縁強度が弱くなってきている。電力会社や放送事業者，通信事業者ならびに鉄道事業者でもこのような電気・電子機器を扱うようになり，以前の雷被害状況から少し異なる雷被害が発生している。これらの電気・電子機器の使用は一般需要家にも広まり，今では社会機構

はじめに

　運営の基板機器となっており，今まであまりクローズアップされなかった一般家庭における電化製品の雷被害の増加現象にも波及している。例えば電話機が黒電話機であった時代，接続されているのは通信線のみで，木製の棚や台に置かれていたと思う。これが近年では多機能電話となり，電源線と通信線が接続されてかつ電子回路が搭載されているものがほとんどであり，雷被害を増加させている要因にもなっている。また，電気温水器も普及し，屋外にも電子回路が搭載された機器が設置されかつ機器の函体（外箱）を接地していることも雷被害を増加させている要因となっている。

　これら雷被害を防ぐために避雷設備（LPS：Lightning Protection System 雷保護システム）や雷防護素子（SPD：Surge Protective Device サージ防護デバイス）による対策を講じる必要がある。国際的にも情報化社会の進歩によって急増している雷被害の防止のための対策について IEC（国際電気標準会議）で継続して審議し，IEC 規格を制定している。わが国においても IEC 規格に整合して JIS の改正，制定を進行しており，効率的な雷害対策のよりどころとしている。

　本稿では，雷の発生メカニズムと実際の雷被害を紹介し，対策としては JIS を基本としているが，各現場においてはそのとおりにならない状況や環境に遭遇することがあるため，ここでは多くの分野の事象をもとに，現場環境になるべく合った対策手法や考え方を中心に述べる。本書が雷害対策の考案者や設計者などの参考になれば幸いである。

目　次

はじめに …………………………………………………………………………………… i

1章　雷放電と雷被害

1.1　雷現象 …………………………………………………………………………… 3
1.1.1　雷放電の解明の歩み ……………………………………………………… 3
1.1.2　雷はどうやって発生するか ……………………………………………… 3
1.1.3　代表的な雷の種類と特徴 ………………………………………………… 5
1.1.4　雷侵入の種類と日本における落雷状況 ………………………………… 9
1.1.5　雷の性状 ………………………………………………………………… 12

1.2　雷被害 …………………………………………………………………………… 19
1.2.1　建築物の雷被害 ………………………………………………………… 19
1.2.2　一般需要家設備の雷被害 ……………………………………………… 20
1.2.3　特定需要家設備の雷被害 ……………………………………………… 25
1.2.4　その他設備の雷被害 …………………………………………………… 31

2章　雷保護の基本的考え方

2.1　雷保護に関する関連法規について …………………………………………… 47
2.1.1　建築物等の雷保護に関する関連法規と規格 ………………………… 47
2.1.2　建築物内部の電気・電子機器の雷保護に関する関連法規と規格
　　　　………………………………………………………………………… 48

2.2　雷保護の基本的構成 …………………………………………………………… 50
2.2.1　建築物等の雷保護の基本構成 ………………………………………… 50
2.2.2　建築物内部の電気・電子機器の雷保護の基本構成 ………………… 50

目次

3章　雷保護の設計

3.1　建築物等の雷保護設計 ································· 55
3.1.1　受雷部システム ································· 55
3.1.2　保護レベルの選定 ······························· 56
3.1.3　引下げ導線システム ····························· 56
3.1.4　接地システム ································· 57
3.2　建築物内の電気・電子機器の雷保護設計 ······················ 58
3.2.1　サージ侵入の阻止 ······························· 58
3.2.2　雷過電圧の抑制 ································· 59
3.2.3　等電位化 ································· 61
3.2.4　接地抵抗の低減 ································· 64
3.2.5　遮蔽 ································· 66
3.3　SPDの構成と特性 ································· 68
3.3.1　電圧スイッチング形SPD ·························· 69
3.3.2　電圧制限形SPD ································· 73
3.3.3　複合形SPD ································· 76
3.4　SPDの選定と設置場所 ································· 80
3.4.1　低圧電源回路用SPD ······························· 80
3.4.2　信号・通信・制御回路用SPD ······················ 93
3.5　耐雷トランス（電源用保安装置）の構成と特性 ················ 97
3.5.1　絶縁形（耐圧形）耐雷トランス ···················· 99
3.5.2　放流形耐雷トランス ····························· 100

4章　雷被害と対策事例

4.1　建築物の被害と対策事例 ································· 105
4.2　一般需要家設備の雷被害と対策事例 ······················· 108
4.3　特定需要家設備の雷被害と対策事例 ······················· 114

4.4　その他設備の雷被害と対策事例 ·· 120

5章　雷保護対策上の留意点

5.1　接地の基本 ·· 135
　5.1.1　建築物などの雷保護に関連した接地システム ···················· 135
　5.1.2　内部の電気・電子機器の雷保護に関連した接地システム ········ 135
5.2　SPDの効果を左右する接地線の敷設方法 ································ 144
　5.2.1　SPDの接地線の長さと断面積 ··· 144
　5.2.2　接地線敷設方法の違いによるSPDの効果 ························ 146

6章　保守点検および落雷情報配信

6.1　受雷部システム ·· 153
6.2　接地抵抗の測定 ·· 154
　6.2.1　一般建築物 ·· 154
　6.2.2　電気所などでの測定 ·· 158
6.3　SPD ·· 159
　6.3.1　SPDの動作の特徴 ·· 159
　6.3.2　SPDの検査および保守点検 ·· 160
　6.3.3　検査および保守点検の例 ·· 161
6.4　その他の保守点検装置 ·· 169

おわりに ·· 175
参考・引用文献 ·· 176
索引 ·· 181

1章
雷放電と雷被害

1章 雷放電と雷被害

　我々が目にする"雷"，その脅威というと，建物はもとより現代社会には欠かすことのできないコンピュータや電化製品などの電気・電子機器をも破壊するやっかいなものである。また，落雷する場所によっては広範囲にわたる停電を引き起こしたり，人体に致命的な被害をもたらす。ここでは加害者である雷現象と被害者である設備の状況を紹介する。

1.1 雷現象

1.1 雷現象

1.1.1 雷放電の解明の歩み

ベンジャミン・フランクリンは凧揚げの実験により，雷が放電現象であることを発見したことは有名な話である。その後，1753年には避雷針（現在でいう受雷部）を発明している。日本の書物「天変地異」（明治元年，戊辰初秋，小幡篤次郎著）の中でも"雷避の柱の事"として紹介されている。以降，研究が進み，C.V.ボイスが回転カメラによって雷放電の機構を解明したのが1926年であり，エンパイヤ・ステートビルへの落雷電流を高速度陰極線オシログラフで観測したのは1938年で，電気的に観測された最初の例である。

現在2015年（執筆時）を考えると80年にも達しておらず，雷放電の本質が解明されはじめたのは最近のことで，その後の研究者の努力や測定器の進化により様々な観測が行われ，雷放電の実態がかなり明確になってきたが，まだまだ不明確な点が多い。

1.1.2 雷はどうやって発生するか

雷は雷雲が発達して最終的に落雷となる。では，雷雲はどうやって発生するのか。我々がよく目にするのは夏の夕方に夕立を伴って発生する雷ではないだろうか。夏は地表面付近の温度が高く，かつ湿度が高い（水蒸気が多い）ためである。図1.1に示すように，強い日差しが降り注ぐと地表

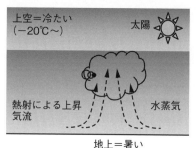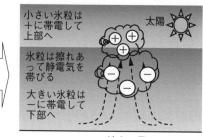

●─ 図1.1　雷雲の発生

面が暖められ，上昇気流が発生する。これに地表面付近の水蒸気も上空高く吹き上げられることになる。このとき，上空は気温が低い（−10℃〜）ため，吹き上げられた水蒸気は冷やされることで氷粒となり，激しくぶつかり合うことを繰り返すことで摩擦電気（静電気）が発生し，雷雲が形成されることになる。したがって，雷雲が発生する条件をまとめると，

・強い上昇気流がある
・空気中の水蒸気量が多い
・上空の気温が低い

ということができる。

　氷粒は，大きな粒はマイナスに帯電して雲の下部に移動し，小さな粒はプラスに帯電して雲の上部に移動する。では地表面ではどうなっているのかというと，図1.2に示すように，雷雲の下部がマイナスとすれば地表面はプラスに帯電することになり，空気という絶縁物を介して巨大な電場を形成する。さらに雷雲が発達するにしたがってこの電場も強くなり，空気の絶縁破壊が生じると雷雲と大地の間に放電が発生する。これが落雷である。

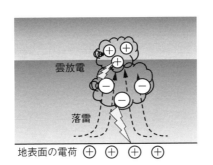

● 図 1.2 落雷の発生

◯ 1.1.3 代表的な雷の種類と特徴

雷の種類はいくつかあるといわれているが，ここでは日本の代表的な雷の種類として，
・夏季に発生する雷（夏季雷）
・冬季（主に日本海側）に発生する雷（冬季雷）
について特徴を紹介する。

(1) 夏季雷

夏季雷は積乱雲の発生に伴うため，蒸し暑い真夏に強い日射により地表面付近の水蒸気を多く含んだ空気が熱せられて上昇気流により形成された雷雲によって発生する雷である。特に地形が複雑になると上昇気流も発生しやすくなるため，平野部よりも山間部のほうが発生しやすくなる。**図 1.3(a)** は夏季雷の発生過程の一例を示す。

夏季雷の特徴は，雷雲の雲底までの距離が長いため，雷雲が有している電荷を一度の放電（落雷）で中和することができず，短時間に複数回の落

1章 雷放電と雷被害

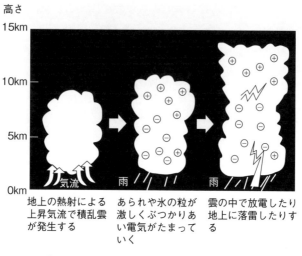

● 図1.3(a)　熱雷（夏季雷）の発生過程

雷を伴うことが知られている。図1.3(b)は負極性大地雷撃の進展様相を示したものである。雲底からステップリーダと呼ばれる放電が大地に向かって進展する。このステップリーダは50 m程度進展して30～90 μs程度休止する段階的進展を繰り返しながら大地に接近し，平均進展速度は$1.5×10^5$ m/s程度といわれている。雲底の高さが3,000 mとすると，ステップリーダが大地に接近するまでの時間は約20 msとなる。ステップリーダの先端が大地に接近すると，その直下の大地面の電界が高くなり，地上にある構造物からステップリーダに向かって上向きの放電が発生する。このうち一つがステップリーダの先端と結合すると大地に接続されて帰還雷撃に移行する。このステップリーダの最終段階の進展距離はステップリーダ先端部の電荷量によって異なるといわれている。また，負

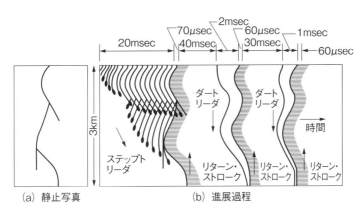

●- 図 1.3(b)　負極性大地雷撃の進展様相[(1.9)]

●- 図 1.4　夏季に見られる落雷

極性大地雷撃のうち，2回以上の雷撃を伴うもの（多重雷）が60〜70％程度あるといわれており，多重雷の継続時間が1s以上のものも観測されている。夏季に見られる落雷の様子は**図 1.4**に示すように，雷雲の雲底か

ら地上面にある構造物に向かって枝分かれして落雷することが多いが，近年の研究では超鋼構造物についてはこれとは異なる性質を示すことがわかりつつある。

(2) 冬季雷

　冬季雷は寒冷前線や温暖前線により，温暖な空気と寒冷な空気お互い接触すると寒冷な空気は下層に入り，温暖な空気はその上に押し上げられて上昇気流が形成される。一般的には寒冷前線の方が雷雲を形成する確率が高いといわれている。特に冬の時期に日本海側で発生する冬季雷は，10月下旬から翌年の3月下旬頃にかけて，大陸からの寒気団が日本海の対馬暖流の水蒸気を受けて上昇気流による雷雲を形成し，北西の強い季節風に押されて発生する。図1.5に冬季雷の発生過程の一例を示す。

　冬季雷の特徴は，雷雲の雲底までの距離が短いため，雷雲が有している

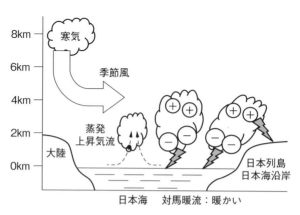

● 図1.5　冬季雷の発生過程

1.1 雷現象

● 図1.6　冬季に見られる落雷

電荷を一度の落雷で中和することである。そのため，一発雷ともいわれている。このため，落雷地点における雷電流のエネルギーは非常に大きいものがあることと，高構造物に集中的に落雷することが知られている。落雷の様子は**図1.6**に示すように，地上面にある構造物から上方に向かって枝分かれして落雷している。

1.1.4　雷侵入の種類と日本における落雷状況

(1) 雷侵入の種類

雷侵入の種類を大別すると以下に示す3つに分けられる。
- 直撃雷…雷雲と大地間の放電による落雷（構造物に直接落雷して侵入）
- 誘導雷…雷訪電路からの雷磁界の変化により，対象物に生じる過電圧（雷放電の間接的影響）
- 逆流雷…大地からの逆閃絡（直撃雷の一部が分流して侵入）

つい最近までは直撃雷と誘導雷という2種類の表現が使われていたが，

最近では被害の状況や測定結果などから，直撃雷に起因する大地電位上昇の影響による被害が甚大であることから逆流雷という現象も重要であることがわかってきている。

(2) 日本における落雷発生状況

以前から落雷の状況がわかるデータのよりどころとして年間雷雨日数がよく使われていた。ご存知のとおり，年間を通して雷光が見えるか，雷鳴がはっきり聞こえた日数をマス目状に区切って表したもので，昭和29年～38年の10年間の平均の年間雷雨日数をもとに作成している。また年間雷雨日数の等しい地域を線で結んで示した地図が図1.7に示すIKL（Isokeraunic Level）マップとして気象庁より発表されている[1.1]。図から雷雨日数は，北関東，中部，九州の山間部および北陸地方に多いことがわかる。ここで，お気づきのように，耳で聞こえた雷鳴をカウントするという，人間の耳が介在しているということと，データが非常に古いということである。

しかしながら，近年の落雷観測システムの発展と普及により，緯度経度ごとにマス目状に地域を分割し，その地域の落雷回数を求めることができるようになっている。図1.8は一例として1992年以降観測されたデータを取りまとめたものである[1.2]。左側の日本地図が夏季（4月～10月），右側の日本地図が冬季（11月～3月）の落雷数を示したものであり，マス目の色が濃いほど落雷数が多いことを示している。夏季では北関東と中部，近畿，中国，九州の山間部に落雷が多く，冬季では北陸地方を中心とした日本海側に落雷数が多いことがわかる。また，夏季と冬季を比較すると，冬季の落雷数は夏季の落雷数の数分の1程度であることがわかる。ここで，図1.7と比較すると，人間の耳目による古いデータとはいえ，近年の観測

1.1 雷現象

● 図1.7　IKLマップ[(1.1)]

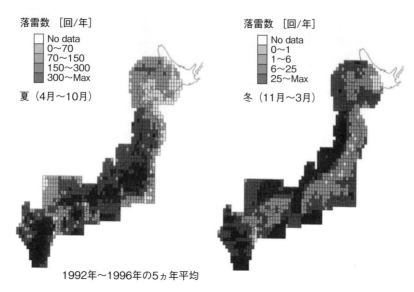

● 図1.8　落雷観測システムによる落雷状況[(1.2)]

システムを使ったデータと同じ傾向を示していることがいえる。

1.1.5　雷の性状

(1) 雷放電の電流・電圧波形

　雷の発生メカニズムや種類，発生状況を述べてきたが，ではどんな姿形の雷で，どのくらいの大きさのものがどのくらいの頻度で襲来（侵入）してくるのかを知っておく必要がある。まずは雷の姿形について紹介する。

　雷放電は自然界で発生するもので，その姿形は誰にも予測ができないものである。しかしながら，襲来してくるものが見えなければ被害の状況に至った経緯や対策がわからなくなる。そこで，研究者などによる測定や技

1.1 雷現象

術検討により，標準的な雷の形を決めている。基本的に雷放電の電流・電圧波形は時間的に変化し，0から始まってある時間経過後に最大になり，その後減衰しながら0に近づく。このような形（波形）を表現するのには，0〜最大値になるまでの時間（波頭長）と，0〜最大値の2分の1の大きさになるまでの時間（波尾長）とで表現している。JEC（電気規格調査会標準規格）では**図1.9**に示すように波頭長，波尾長を定義しており，われわれが長く使用している波形である[(1.3)]。

近年，国際的にも情報化社会の進歩によって急増している雷被害の防止のための対策についてIEC（国際電気標準会議）で継続して審議し，IEC規格を制定している。わが国においてもIEC規格に整合してJISの改正，制定を進行し，新しいJISが発行されてきている。その中で，特に電流波形について大きな変化が見られている。**図1.10**はJISに記載されている電流波形であり，今までよく扱ってきたのは8/20 μsという波形であるが，

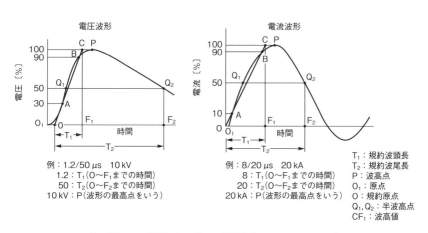

● 図1.9　標準インパルス波形（JEC 0202-1994）

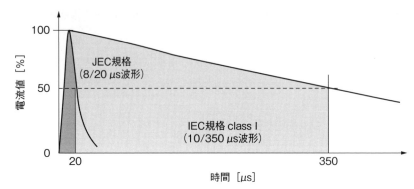

● 図1.10　JISによる電流波形とパラメータ（JIS Z 9290-4：2009）

電流パラメータ		LPS*の保護レベル		
		I	II	III〜IV
電流波高値I	[kA]	200	150	100
波頭長T1	[μs]	10	10	10
波尾長T2	[μs]	350	350	350
短時間継続雷撃の電荷Qa	[C]	100	75	50

*LPSに関しては2章で述べている

近年では10/350 μsという波形を扱うようになった。波頭長は8 μsと10 μsとあまり差異はないが，波尾長は20 μsと350 μsとかなり長くなっており，かつ最大値（波高値）も大きなものになっていることから，かなり大きなエネルギー（波形の面積）を扱うようになってきている[1.4]。

(2) 落雷電流の大きさと極性

波形が見えたら次は大きさである。では落雷した電流の大きさはどの程度か。図1.11は落雷電流の大きさに対する累積頻度を示したものである[1.2]。図より50％値（半分の電流値がそれ以上になる）を見てみると20 kA〜

1.1 雷現象

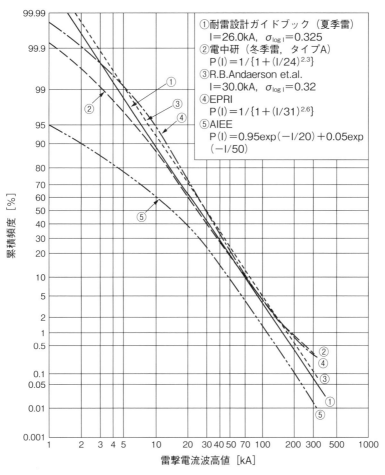

図 1.11　直撃雷電流の累積頻度分布[(1.8)]

40 kA 程度である。図 1.10 で示した保護レベルに対する波高値と比較すると小さくなっているが，落雷の電流をどこまで考慮するかによって変わってくる。

次に極性であるが，全落雷電流のうち 75 % が負極性（雲底がマイナスの電荷），20 % が正極性（雲底がプラスの電荷），残りの 5 % が正負に振動しているとされ，熱帯地方ではほとんどが負極性の落雷であるといわれている。一方，わが国の日本海沿岸では冬季に強い寒冷前線が通過し，これに伴って大規模な雷放電（冬季雷）が発生することが多く，この場合には正極性の落雷が発生することが多くなっているといわれている。

(3) 配電線に発生する雷電流と雷過電圧

配電線に発生する雷電流と過電圧についてはどうかというと，**図 1.12 (a)** は電力会社が行なった配電線に設置されている避雷器に流れる雷電流を測定した結果である[1.5]。少し古いデータではあるが，図より 50 % 値（半分の電流値がそれ以上になる）を見てみると 3 kA 程度である。また，近年では需要家引込み線に分流する雷電流の観測も行われており，その結果は**同図 (b)** に示すとおり，90 % が 1 kA 以下であることが報告されている[1.6]。

次に低圧配電線に発生する雷過電圧についてはどうかというと，これも少し古いデータではあるが，やはり電力会社が 1981 年から 1987 年まで電圧測定器によって低圧配電線に発生する雷過電圧を測定した結果である[1.7]。**図 1.13** より 90 % が 10 kV 以下であることがわかる。通信線においても通信会社が同様な測定をしており，**図 1.14** に示すように交換機と通信端末で多少の差異はあるものの，低圧配電線ほど大きな過電圧は発生していないことがわかる[1.8]。

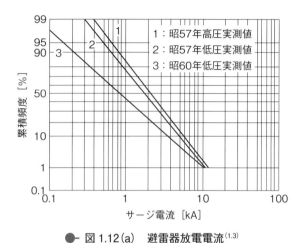

●- 図1.12(a)　避雷器放電電流[1.3]

●- 図1.12(b)　需要家引込み線に分流する雷電流[1.4]

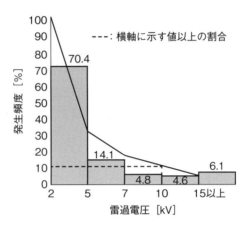

図 1.13　低圧配電線に発生する雷過電圧の波高値の発生頻度[(1.5)]

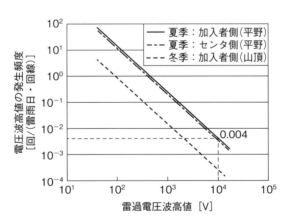

図 1.14　通信線に発生する雷過電圧[(1.6)]

1.2 雷被害

1.2.1 建築物の雷被害

　建築物に関しては，受雷部（避雷針）があるので保護角に入っていれば建物自体に落雷することはないというのがこれまでの常識的な考え方である。しかしながら，2003年9月に国会議事堂の建物自体に落雷し，建物外壁の一部が剥がれ落ちて中庭などに散乱したことは記憶に新しい（**図1.15**）。もちろん受雷部は設けられていたが，それでも建物自体に落雷してしまったのである。また，**図1.16**に示すように国外でも同様な現象が

● 図1.15　国会議事堂への落雷[1.7]

1章 雷放電と雷被害

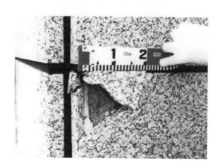

● 図1.16 国外におけるビルへの落雷

確認されていることから，これと並行してわが国でも建築物等の雷保護として JIS などの規格見直しが行われた。これについては2章で触れる。

1.2.2 一般需要家設備の雷被害

一般の需要家設備には，一般住宅・ビル設備と工場・プラント設備が挙げられる。それぞれについて雷被害の状況と被害のメカニズムについて紹介する。

(1) 一般住宅・ビル設備

戸建住宅の雷被害のほとんどが家電機器である。家電機器の雷被害については専門家による調査・研究結果が報告されている。その結果から被害を受けた家電機器の推移は**表1.1**のように報告されている[1,9]。表からわかるように，テレビの被害が減少している反面，パソコン・多機能電話の被害が増加している。これは，テレビに関しては伝送経路がアンテナから同軸ケーブルに変更されつつあることと，パソコンに関しては急速に普及

● 表1.1 被害を受けた家電機器の推移

年＼順位	1	2	3	4	5
2006	パソコン	多機能電話	テレビ	エアコン	電気温水器
2004-2005	多機能電話	パソコン	テレビ	電気温水器	エアコン
1996-1997	多機能電話	テレビ	電気温水器	ビデオ	パソコン
1987-1991	テレビ	電話	ビデオ	電気温水器	エアコン

したこと，また多機能電話に関しては今までの通信線のみの接続から通信線・電源線の両方が接続され，電話機自体も電子化されていることが要因と考えられる．

　しかしながら，未だテレビに被害が発生するのは，過電圧が同軸ケーブルから侵入して電源側に抜けていく，または電源線から侵入して同軸ケーブル側に抜けていく過程にテレビが存在するためである．ここで，同軸ケーブルの引込み場所には同軸用加入者保安器が設置されているが，保安器の接地を同軸ケーブル架線用のメッセンジャーワイヤーに接続していることがあるため，**図 1.17** に示すように同軸用加入者保安器が機能的に作用せず，結果，電位差によって被害を受けることになる．また，電気温水器の被害も相変わらず多く発生している．これは屋外で機器を接地していることに起因しており，**図 1.18** に示すように，過電圧が電源線から侵入して機器の接地へ抜けていく過程に電気温水器の電気・電子回路が存在するためである．**図 1.19** は電気温水器の制御回路基板にある IC チップが被害を受けた例である．

1章 雷放電と雷被害

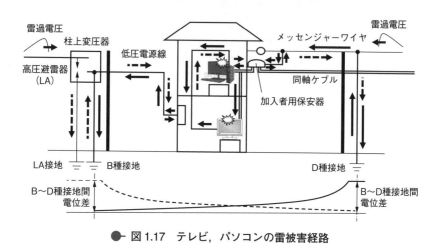

● 図1.17 テレビ，パソコンの雷被害経路

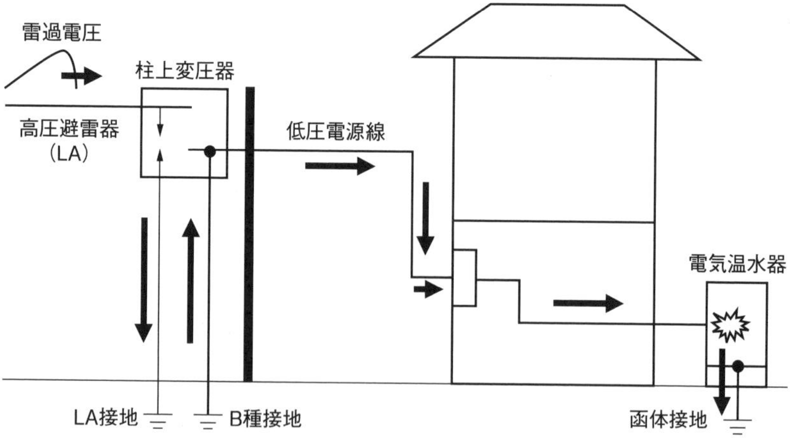

● 図1.18 電気温水器の雷被害

● 図 1.19　電気・電子回路の雷被害[(1.8)]

　集合住宅はどうかというと，雷被害の様相は基本的には戸建住宅と同様であるが，大規模の集合住宅になると複数の棟が存在する。個々の棟間を電源線や通信線等が接続されている場合，ある棟に落雷があると別の棟との電位差により機器に被害が発生する。例えば管理室内の自動火災報知装置や放送設備である。これら広い敷地に複数の建物や設備が存在する場合の雷被害については工場やプラント設備で紹介する。

　ビル設備も集合住宅と同様に考えられるが，例えば構造体接地（後述）を施しているビルの複数の階にある機器間を通信線などで接続しており，各階の機器は各階で接地を施している場合，落雷時には図 1.20 に示すように構造体の鉄骨鉄筋を流れることになり，階層間の電位差により機器が被害を受けることがある。

(2) 工場・プラント設備

　工場やプラント設備は，前述したように広い敷地に複数の建物や設備が

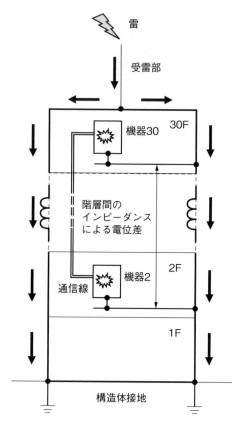

● 図 1.20　階層間の電位差による機器の雷被害

存在している．近年では集中管理や集中監視を行っている設備が多く，セキュリティ上監視カメラを複数配置していることも多くなってきている．したがって，**図 1.21** に示すように複数の建物や設備間を電源線や通信線，制御線などが接続しあっていることが多く，落雷による電位差の影響で自

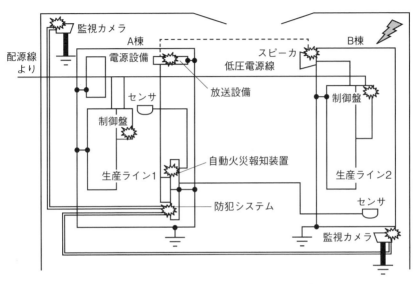

● 図 1.21　工場・プラント内設備の雷被害

動火災報知装置をはじめ，生産ライン制御装置，放送設備，警備システム，モデム，カメラなどの被害が多くなっている。

1.2.3　特定需要家設備の雷被害

(1) 電力設備

　電力設備には送電線や配電線，発電所，変電所などが存在する。送電線については電圧階級の上昇に伴い鉄塔高も高くなり，なおかつ山間部を長距離にわたって敷設されることから落雷を受ける頻度が高くなっている。送電線の雷被害は図 1.22 に示すように，鉄塔頂部や架空地線への落雷による相導体への逆フラッシュオーバと，相導体への落雷による鉄塔へのフ

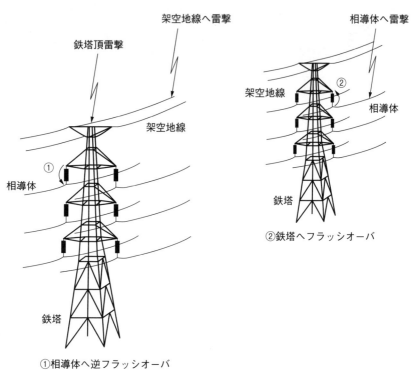

● 図1.22　送電線の雷落雷

ラッシュオーバが挙げられる[1,2]。これらにより瞬時電圧低下が発生し，工場などの生産ラインに対して大きな障害を与えることがある。前述したとおり工場などでは集中管理を行う上で，情報通信機器を導入していることもあり，短い時間の電圧低下でも影響を受けやすい状況にあるといえる。特に送電線の雷被害で興味深いのは図1.8で示したように，落雷数が冬季は夏季の数分の1で，夏季に比べて格段に少ないが，**図1.23**に示すよう

1.2 雷被害

500kV級送電線の被害

● 図1.23 季節別の送電線の雷被害

に冬季に被害が多く発生している[(1.10)]。送電線の雷保護対策として，架空地線の多条化や鉄塔の接地抵抗低減対策などを施してきており，近年では雷被害が少なくなってきているようである。

　一方，高圧配電線は送電線と比較して高さが低いため，直接落雷を受けることは少ないが，他に高建造物のない田園地区では直接落雷を受けることがある。それよりも高圧配電線は送電線と比較して，使用電圧や使用機材の絶縁強度が低いことから，電流値の小さい雷による被害も多い。日本海側にある電力会社の調査によると，**図1.24**に示すように夏季と冬季の被害件数はほぼ同じであり，先述したとおり冬季の落雷は夏季と比較して数分の1程度であることから，冬季の被害率は格段に高くなることがわかる。また，興味深いのは避雷器の被害であり，冬季は夏季と比較して約3倍多く発生していることである[(1.2)]。これは1.1.3節で述べたように，冬季雷は夏季雷と比較して放電電荷量が非常に大きいものが多く，落雷時に避

1章 雷放電と雷被害

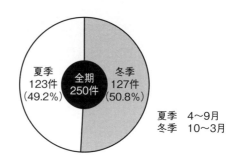

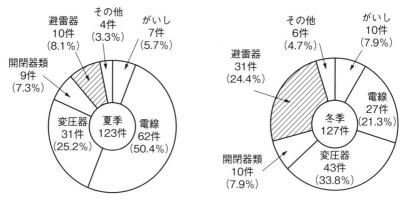

● 図1.24 季節別の配電線の雷落雷(1.2)

雷器を通過する雷電流が避雷器の有する性能を超えることがあるためである。

(2) 中継所設備

中継所設備は電力会社や放送事業者，通信事業者などが有しており，マイクロ無線中継所や放送中継所，基地局などが存在する。電力会社のマイ

クロ無線中継所や放送事業者の放送中継所は運用の性質上，見通しが良く遮蔽物がない場所に設備されることが多く，前述した送電線と同様，山間部に設備されることから落雷を受ける頻度が高くなっている。

一方，通信事業者の設備はというと市街地に設備されることが多くなってきており，市街地の中ではアンテナ鉄塔が突出して高い設備となり，やはり落雷を受ける頻度は高くなる。特に日本海側にある中継所設備では冬季に被害を受けることが多く，冬季雷の特徴をそのまま受けているものといえる。

図 1.25（a） はマイクロ無線中継所の被害例でアンテナのレドームに落雷したものである。実は鉄塔には受雷部（避雷針）があり，アンテナは保護角内に入っていたが，後に改定された JIS にある回転球体法を採用すると保護エリア外になっていることがわかっている。**同図（b）** は落雷電流の一部が配電線側に流出（逆流雷）した過程で電源用の保護素子を破損させた例である。これらは設備環境が山頂であることと，限られた敷地内で

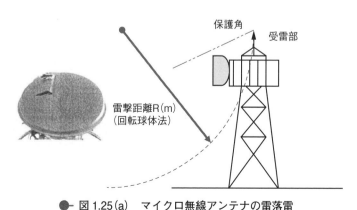

● 図 1.25（a） マイクロ無線アンテナの雷落雷

● 図 1.25 (b) 低圧電源用保護素子の雷落雷

接地システムを構築しなければならないため,比較的接地抵抗が高いことが要因となっている。また中継所設備にはアンテナと無線装置の間に導波管(給電線)が接続されており,導波管(給電線)はアンテナと無線装置で外部導体が接地されている。このため鉄塔に落雷した雷電流の一部が導波管の外部導体を伝わって無線装置に侵入し,誤動作や信号エラーなどを発生させている。**図 1.26** は放送中継所被害例で,やはり落雷電流の一部が配電線側に流出(逆流雷)した過程で引込み盤のブレーカーを焼損,電源用の保護素子を破損させた例である[1.9]。**図 1.27** は基地局の被害例で,局舎内や引込み盤内接地端子の放電痕跡,ブレーカーの破損,引込み盤取り付け柱の損傷例である。

1.2 雷被害

● 図 1.26 放送中継所引込み盤の雷落雷[1.8]

● 図 1.27 基地局引込み盤の雷落雷[1.8]

1.2.4 その他設備の雷被害

(1) 風力発電システム

　風力発電システムは風況のよい山間部や沿岸部に設置されることが多く，また風車自体も大型化していることから，落雷による被害の発生確率が非常に高くなっている。落雷による被害でブレードの被害は修理費や停止時間などで深刻な問題となっているが，制御機器や通信機器の被害も多く報

1章 雷放電と雷被害

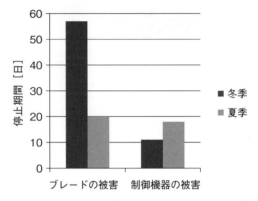

● 図1.28　季節別風力発電システムの停止時間[(1.8)]

告されており，設備利用率の低下やサービスの低下を招いているのが現状である。図1.28は季節別にみた風力発電システムの停止時間である[(1.9)]。冬季はブレードの被害が圧倒的に多く，夏季は制御機器の被害が多くなっていることがわかる。制御機器や通信機器の被害部位の多くは機器内部のCPUや通信装置が占めており，やはり機器の電子回路化によって雷に対する絶縁耐力が弱くなっていることが原因となっている。特に風力発電システムは，火力などの平面に設備している発電所の形態を縦（上に発電所，下に変電所）にしたような形態をしており，電力，制御，通信，監視関係の機器が上部下部に設置され，ケーブルで接続されている。

　風車への落雷時，図1.29に示すように，風車Aのタワーを流れる雷電流により敷設されているケーブルの上下間に過電圧が発生し，機器を破損させることが考えられる。また，ウィンドファームのように複数の風力発電システム同士をケーブルで接続している場合，例えば風車Aの落雷電

1.2 雷被害

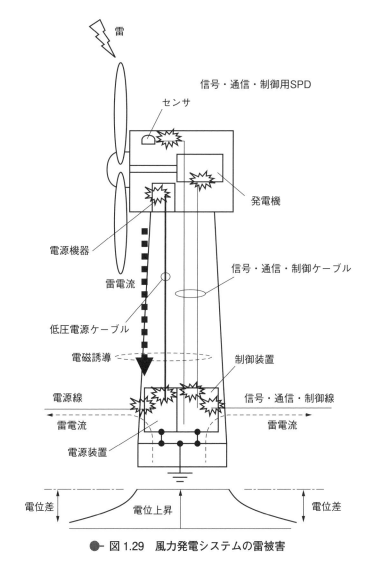

● 図 1.29　風力発電システムの雷被害

流により風車Aの接地電位が上昇し，風車Bとの間の電位差により機器を破損させることも考えられる。

(2) 太陽光発電システム

太陽光発電システムの設置環境は風力発電システムと異なり，非常に広大な敷地や建物の屋上などの太陽光の遮蔽となる高構造物がない場所に平面的に設置されることから，風力発電システムまでとはいかないが，落雷にさらされる可能性が高いといえる。NEDO技術開発機構で2005年から2008年までのフィールドテストで導入した10 kW以上の太陽光発電システムの全被害件数のうち雷が原因のものは年度によって異なっているが，約17 %～30 %となっており，中でもパワーコンディショナー（以下PCSという）や環境計測機器類の被害が多く報告されている[1.11]。また，設備の発電量を視覚で確認できるように表示盤を設けることがあるが，発電所の入り口付近に設置されていることがあり，落雷のたびに不具合が生じている現場も実際に存在している。これらの機器が被害を受けると発電停止や電力供給停止となるため，利用率の低下につながることになる。

太陽光発電システムの発電電力供給系統にある機器や設備の接地は等電位化されていることがほとんどだが，環境計測機器や表示盤などは発電所の端に設置されていることが多く，図1.30に示すように落雷時の電位差による被害を受けやすい環境にある。加えて，メガソーラー発電システムにもなると非常に広大な敷地に設置されることになり，等電位化を構築していても瞬時的な電位差や誘導による過電圧で被害を受ける場合がある。

(3) 鉄道の信号・通信システム

鉄道システムには一部特殊な機能を要求される設備など，さまざまな設

―― 1.2 雷被害

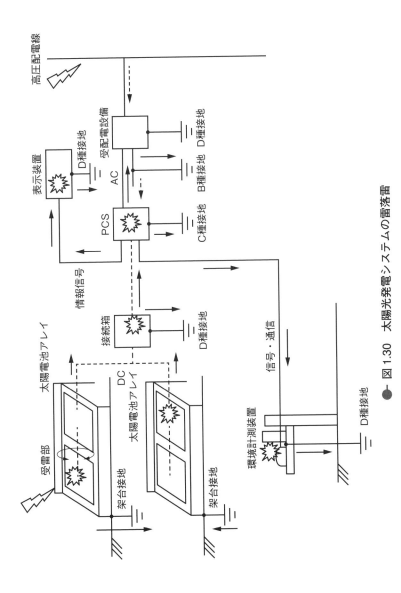

● 図 1.30 太陽光発電システムの雷落雷

備が存在している。ここでは，われわれが主に関係している信号・通信システムにおける雷被害の一部について紹介する。

鉄道の信号・通信システムの機器構成は，IC，LSI などの半導体を用いた電子機器へと進化し，機能もインテリジェント化することにより広範囲にわたって管理，運用が可能なシステムとなってきている。信号・通信システムに電子機器が採用される以前から雷対策として保安器の設置などを行なっていたが，電子機器の普及に伴い雷被害も増加した。これにより，以降，雷害対策の研究開発が進み，新型の保安器（鉄道分野では SPD を保安器という）や対策手法が開発された。これらのことにより現在では雷被害は減少しつつあるが，依然として発生している。**図 1.31** は自然災害により発生した全鉄道事業者の信号設備における被害件数を示したもので，145 件中 75 件が雷被害であると報告されている[1.12]。

一例として，鉄道の駅構内にある信号設備や踏切設備，転てつ機（ポイント切替機）に関わる設備，ATC システムなどを制御する各種の制御装置，信号装置，通信装置，電源装置などの鉄道用電気・電子機器が一つの収容

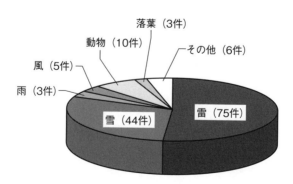

● **図 1.31　自然災害による信号設備の被害発生件数**[1.9]

―― 1.2 雷被害

箱に設置されているとする。この収容箱にある各種装置からは周囲に設置されている信号機や踏切設備，転てつ機などにケーブルで接続されている。例えば**図1.32**は，〇×△駅の収容箱の設置環境を概念的に示したものである。

このような環境下において，例えば収容箱A付近の電線や軌道回路に落雷し，大地に雷電流が流れると，落雷地点の近傍にある収容箱Aの接地電位が上昇する（図1.32中の①）。

これに対し，収容箱Aから離れた地点にある設備B，Cの接地電位は，電位傾度により収容箱Aから離れるほど低下することになるので，収容箱A，設備B，Cのそれぞれの接地間には電位差が発生することになる（図1.32中の②，③）。この電位差が各収容箱に設置されている装置に加わることで，装置の故障や破損を招くことになる。

また，**図1.33**に示すように，近傍への落雷による誘導を受け，接続されている信号・通信線や電源線から誘導電圧として侵入し，同様に装置の故障や破損を招くことになる。これらのことから機器を保護するために各

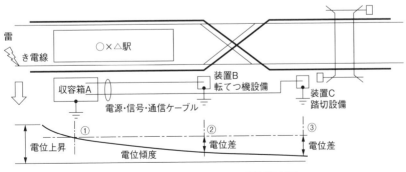

● 図1.32　収容箱の設置環境概念図

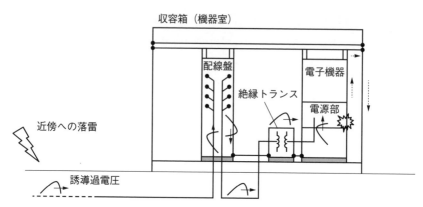

● 図1.33 誘導過電圧の侵入による雷被害

● 図1.34 電子機器電源部の雷被害

種保安器などで対策を施している。図1.34はトランスで絶縁化を施していたが、遮蔽（シールド）効果が望めなかったため、過電圧の静電移行により電子機器の電源部に被害を受けた例である。トランスの遮蔽（シールド）については3章を参照願いたい。

(4) 重要文化財建造物

重要文化財はわが国の重要な財産であり,適切かつ確実に維持・管理をしていくことが責務である。わが国では落雷による建築物の被害や,建造物の内部にある電気・電子機器の被害が多く発生しており,重要文化財建造物や建造物の内部にある電気・電子機器も例外ではない。特に高度情報化によって使用される機器の弱耐電圧化が進み,重要文化財には必要不可欠な各種センサや情報通信設備に被害が多く発生しており,重要文化財の維持・管理に支障をきたしているのが実情である。

設備・機器で最も被害が多いのが自動火災報知設備(以下,自火報設備という)である。自火報設備の特徴として,図 1.35(a) に示すように低圧電源線と,広い敷地内に点在して設置されているセンサからの信号線が接続されていることである。したがって落雷時に発生する電位差や誘導による過電圧の影響を受ける可能性が高い環境にあるといえる。さらに,信

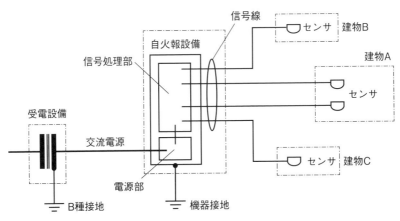

● 図 1.35(a)　配線環境の概略(自火報設備)

1章 雷放電と雷被害

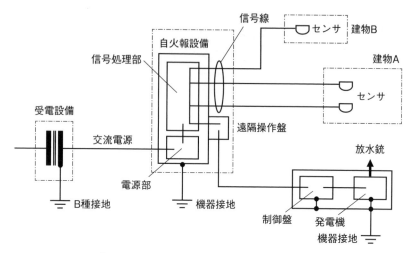

● 図1.35(b)　配線環境の概略（消火設備）

号処理部には電子回路が搭載されていることから，過電圧に対する耐性が弱くなっていることも要因のひとつに挙げられる。

　また，自火報設備ほどではないが，自動消火設備（以下，消火設備という）や防犯設備にも被害が発生している。**同図(b)(c)** に示すように，消火設備は自火報設備と連動して機能するため，付帯する設備として遠隔操作盤と制御盤が存在し，防犯設備は自火報設備のセンサと同様，監視カメラが広い敷地内に点在して設置されているために被害が発生している。**図1.36** は自火報設備の電源部に被害を受けた様子である。

(5) 空港設備

　空港設備に対する落雷による被害は，今まで述べてきた設備と比較すると少ない。**図1.37** は空港設備の雷保護対策を示した写真である。空港設

1.2 雷被害

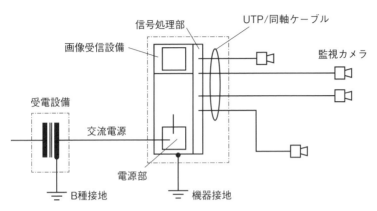

●- 図 1.35(c)　配線環境の概略（防犯設備）

●- 図 1.36　自火報設備の雷被害[1.10]

1章 雷放電と雷被害

●─ 図1.37 空港設備の雷保護対策[1.11]

●─ 図1.38 航空機への落雷

備にはターミナルビルや管制塔，無線アンテナ設備など高構造物が存在しているが，輸送手段の性格上，十分な対策が施されているものと考えられる。しかしながら被害はゼロではない。図1.38は離陸直後の航空機に落雷した例である。幸い航空機には被害がなく，目的地まで到着したそうで

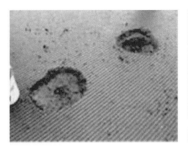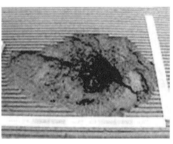

● 図 1.39　滑走路への落雷

ある。図 1.39 は滑走路に落雷した例である。滑走路周辺には進入灯火，滑走路灯火，誘導路灯火システムへの電源供給のための電源線が埋設されており，この電源線に雷電流が直接侵入または誘導電圧として侵入するとこれら灯火が被害を受け，運行上支障をきたすことになる。

2章

雷保護の基本的考え方

2章　雷保護の基本的考え方

　建物を雷から保護するために避雷設備（現在では雷保護システム（LPS：Lightning Protection System）という）を構築しており，被害を防止している。
　一方，設備を雷から保護するために，電力会社や放送事業者，通信事業者，鉄道事業者などは過去の苦い雷被害の経験から，雷対策に関する研究・検討を進めてきており，被害は発生しているもののそれなりの効果をあげている。では一般の民間レベルではどうかというと，避雷針があるから大丈夫という思いがあり，いざ雷被害を受けると「天災」だからしょうがないと諦めることも少なくないのではないだろうか。近年では電子機器や情報通信機器が広く普及し，機器自体が脆弱化していることに加え，ネットワーク化が広まっていることが雷被害を増加させている要因でもある。ここでは，雷保護に関する関連法規と規格，基本的な設計方法について紹介する。

2.1 雷保護に関する関連法規について

◯ 2.1.1 建築物等の雷保護に関する関連法規と規格

わが国における避雷設備に関する法規は1933年（昭和9年）に公布された「市街地建築物法施行令　第42条」において、「高さ65尺（19.7 m）を超過する建築物には適当な避雷設備を設けること」と規定されたことに始まっている。戦後、現行の「建築基準法」に改正され、33条において「高さ20 mを超える建築物には有効な避雷設備を設けなければならない」と規定された。時を同じくして「建築基準法施行令　第129条　15項」に「(避雷設備の構造は)国土交通大臣が定めた構造方法を用いるもの又は国土交通大臣の認定を受けたものであること」と規定され、初めて統一された避雷設備の構造を決める基準が設けられて現在に至っている。

建築基準法が施行されるにあたり、各都道府県でまちまちだった避雷設備の構造について統一された技術基準が求められることになり、1952年にアメリカの避雷設備の規定や東京都の内部規程を参考にした「JIS A 4201-1952（避雷針）」が制定された。以降、建築技術の進歩に合わせるように改正を重ね、1992年に「JIS A 4201-1992　建築物等の避雷設備（避雷針）」として広く用いられるようになった。さらに国際標準化の要求などの波により、わが国でも国際電気標準会議（IEC）における雷保護専門委員会（TC81）に参画し、議論を重ね改訂した「JIS A 4201：2003　建築物等の雷保護」を用いている。現在も作業は継続して行われており、

2014年「JIS Z 9290-1：2014　雷保護–第1部：一般原則」，「JIS Z 9290-3：2014　雷保護–第3部：建築物等への物的損傷及び人命の危険」として制定されている。

2.1.2　建築物内部の電気・電子機器の雷保護に関する関連法規と規格

　前にも述べたように，かつて避雷針があればすべて保護できるという風潮があったように，建築物内部の電気・電子機器の雷保護に関しては無頓着であったのではないだろうか。唯一「内線規定」は存在していた。前述したJISが制定された時に，間違った解釈をしていたことがあった。「JIS A 4201：2003　建築物等の雷保護」の中で，「外部雷保護システム」と「内部雷保護システム」という言葉があり，当時「外部雷」「内部雷」と呼んでいた時代がある。雷に外部も内部もあるわけがないので間違ったいい方である。さらにこの中の「内部雷保護システム」が建築物内部の電気・電子機器の雷保護に関する規格だと勘違いをしていたことがある。JISを読んで頂ければわかっていただけると思うが，一部共通することがあるがまったく違っているのである。

　一方，建築物内にある機器類に対してはどうかというと，高圧回路に対する雷保護に関しては関連する設備規程やJEC，JISなどにより避雷器（高圧避雷器）や接地，絶縁協調などについて規定されている。しかし，低圧回路については雷被害が多いにもかかわらず，規格類は未整備に近かった。このような状況を受けて，国際標準化の要求などにより，建築物等の雷保護と同様，国際電気標準会議（IEC）における雷保護専門委員会（TC81）に参画し，議論を重ねることでようやく2009年「JIS Z 9290-4：2009　建築物内の電気及び電子システム」として制定された。

　これとは別に建築物内の機器類を保護する装置としてSPD（Surge

2.1 雷保護に関する関連法規について

Protective Device：サージ防護デバイス）があり，われわれはこれらを使用して機器類を保護している。以前はSPDについての明確な規定や規格が存在していなかったため，それぞれのメーカーで仕様が異なっており，言葉は悪いが購入者（使用者）側の好みで選定されていた。しかしながら近年の使用機器類の社会に対する重要性かつ信頼性の観点から，前述同様，国際電気標準会議（IEC）におけるサージ防護デバイス専門委員会（SC37）に参画し，議論を重ねることでようやく2004年にJIS C 5381シリーズが制定され，さらにこの一部が2014年「JIS C 5381-11：2014」「JIS C 5381-12：2014」「JIS C 5381-21：2014」として改定された。この規格はどちらかというとメーカー側に要求される規格であり，メーカーはこの要求性能を満たしたSPDを供給することが求められ，設備に対してより安全性が高められるようになった。

2.2 雷保護の基本的構成

　雷保護を構築する基本構成は**図 2.1**に示すとおりであり，基本的に大きく2つに分類される[(2.1)]。その中で，等電位ボンディングと接地システムは共通する部分として扱われる。

2.2.1 建築物等の雷保護の基本構成

　基本的に雷保護システム（LPS）の外部雷保護システム（外部 LPS）は，雷撃を受け止める「受雷部システム」と受け止めた雷電流を速やかに大地に流すための「引下げ導線システム」，雷電流を安全に放流させるための「接地システム」によって構成されている。内部雷保護システム（内部 LPS）は，建築物内の電位を平準化する「等電位ボンディング」と雷電流が流れる部分（受電部，引下げ導線）と金属製工作物との「安全離隔距離の確保」であり，建物と金属部分との間の過電圧により火花放電が発生し，火災や爆発，人畜の感電防止などの防止を図るものである。

2.2.2 建築物内部の電気・電子機器の雷保護の基本構成

　雷保護対策を施す上で，保護したい機器の絶縁耐力を知ることが重要である。対策の基本はサージ（過電圧・雷電流）の侵入を如何に阻止するか，過電圧を如何に抑制するか，保護したい機器との等電位化を如何に構成するかである。要は，接地抵抗の低減や適切な SPD の設置，適切な施工をすることで効果的な保護対策が実現できる。**図 2.2**は雷保護対策を施す上

2.2 雷保護の基本的構成

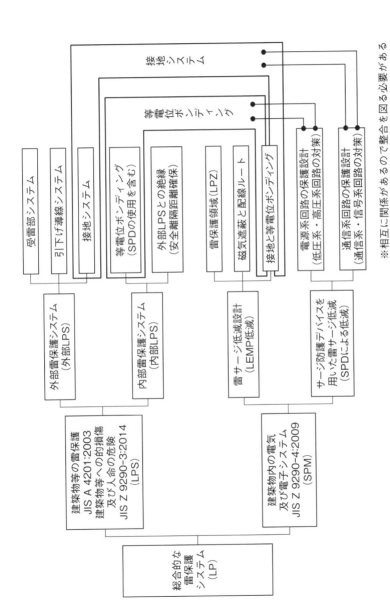

● 図 2.1 雷保護の基本構成[(1.9)]

2章 雷保護の基本的考え方

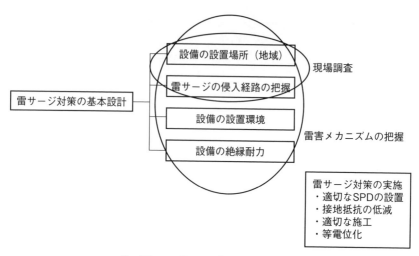

● 図2.2 雷サージ対策の基本概念

での基本概念を示す。

　現場検査により，設備の設置場所（地域）や外部LPSの状況とケーブルの接続状況により雷サージの侵入経路を把握し，また，雷害のメカニズムを把握するために設備が設置されている環境（屋外，屋内など）や設備の絶縁耐力（メーカからの情報入手）を調査することで，効果的かつ経済的な雷サージ対策方法を見出すことができる。

3章
雷保護の設計

3章　雷保護の設計

　建築物等に施す雷保護システム（LPS）は，建築基準法を初めとする法規，規定，規格に準拠しながら設計する。基本的にLPSの外部雷保護システムは雷撃を受け止める「受雷部システム」と受け止めた雷電流を速やかに大地に流すための「引下げ導線システム」，雷電流を安全に放流させるための「接地システム」によって構成する。これらの設計には保護レベルを選定する必要があり，事前に施主や設計者，雷保護の専門家などの関係者が十分協議し，建物の種類，重要度などから妥当と思われる保護レベルを決定して設計することになる。また，後述するが，LPSの機能の維持に不可欠な保守点検が容易に行えるように設計することも重要である。ここではJISを中心として基本的な事項を紹介することとする。

　建築物内の電気・電子機器類については，近年半導体化が進み過電圧に対して脆弱化してきている。落雷そのものが数百［MJ］という巨大なエネルギーの持ち主であるが，近年の電気・電子機器類は数［mJ］のエネルギーでも破損に至ってしまうような電子部品を内蔵していることが多くなってきている。巨大なエネルギーを有する雷から電気・電子機器類を保護するためには，雷の特性を正しく理解し，合理的かつ経済的にその危険性を低減させることが重要である。前述したとおり，雷被害低減に向けて雷対策技術の普及が望まれており，それに応じて関連する規格も整備されつつあり，現在も引き続き行われている。ここでは低圧回路に関する雷保護を重点において紹介する。

3.1 建築物等の雷保護設計

3.1.1 受雷部システム

　受雷部システムは，「突針」「水平導体」「メッシュ導体」で構成され，それぞれ単独または組み合わせて構成する[(3.1)]。また，受雷部を配置する方法として，「保護角法」「回転球体法」「メッシュ法」があり，それぞれ単独または組み合わせて使用することができる。これらは保護レベルに応じて適用範囲が異なっている。それぞれの受雷部の配置概念を**図 3.1**に示す[(3.2)]。

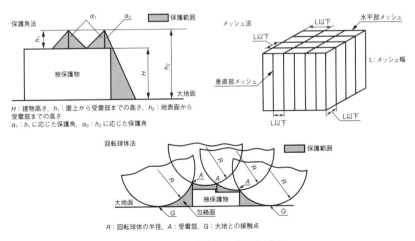

● 図 3.1　受雷部の配置概念図

3.1.2 保護レベルの選定

具体的設計に着手する前に施主や設計者，雷保護の専門家などの関係者が十分協議し，建物の種類，重要度などから妥当と思われる保護レベルを決定する．表3.1 に示すように，JIS では保護レベルを4段階に分類している[(3.2)]．表からわかるように，60 m を超えるものについては今まで使用していた保護角法（角度法）は適用できず，回転球体法およびメッシュ法を適用することになる．

3.1.3 引下げ導線システム

引下げ導線システムは，受雷部で捕捉した雷電流を速やかに接地システ

● 表3.1　保護レベルに応じた受雷部の配置

保護レベル	回転球体法 R [m]	保護角法　h [m]					メッシュ法幅 L [m]
		20	30	45	60	60超	
		α [°]	α [°]	α [°]	α [°]	α [°]	
Ⅰ	20	25	×	×	×	×	5
Ⅱ	30	35	25	×	×	×	10
Ⅲ	45	45	35	25	×	×	15
Ⅳ	60	55	45	35	25	×	20

×：回転球体法およびメッシュ法のみ適用

ムに流すもので，鉄骨鉄筋コンクリート造や鉄筋コンクリート造の建築物では鉄骨または鉄筋を引下げ導線として利用することが好ましいとされている。

3.1.4　接地システム

接地システムは，雷電流を安全に大地へ放流させるもので，接地極を構成するものとして，「環状（リング）接地極」「網状（メッシュ）接地極」「垂直（棒状）接地極」「板状（銅板）接地極」「放射状（埋設地線）接地極」「基礎接地極」が挙げられる。発変電所などの電力設備や放送中継所などでは網状（メッシュ）接地極が，通信事業者の基地局では環状（リング）接地極がよく使われており，設備形態などによって様々である。

いずれにしても雷電流を速やかに大地に放流して大地電位上昇を抑制し，等電位化が実現できることが重要である。

建築物等の雷保護については，JISによって効率的に構築することができるため，詳しくはJISを参考されたい。

3章 雷保護の設計

3.2 建築物内の電気・電子機器の雷保護設計

3.2.1 サージ侵入の阻止

　サージ侵入を阻止するためには，保護したい機器類（領域）に接続されている電線の出入り口にSPDなどを設置し，ファラデーケージ（導体に囲まれた空間）を形成することである。たとえば図3.2に示すように，保護したい機器類（領域）に電源線や通信線，アンテナからの同軸ケーブル（導波管などの給電線を含む），水道管，ガス管などが接続されている場合，すべて引込み直近で直接接地して等電位化を図れば少なくともサージの侵入を阻止することができる。しかし，電源線や通信線は直接接地ができな

● 図3.2　ファラデーケージの形成

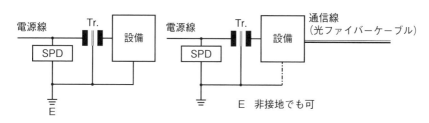

●─ 図 3.3　高信頼性が要求される設備の対策手段

いため，直接接地ができないものにはSPDを設置してサージが直接侵入しないようにすることが重要である。また，重要な設備で信頼性の高い電源や通信を必要とする場合には，図3.3に示すように電源線には耐雷性を有した変圧器（電源用保安装置，耐雷トランスと表現する場合がある）を，通信線には光ファイバーケーブルを採用することも有効な手段である。

3.2.2　雷過電圧の抑制

　過電圧の抑制で最も重要なことは，雷過電圧が侵入した時に保護したい機器類の雷に対する絶縁耐力の値よりも十分低い値に抑制できることである。この手段として，図3.4に示した電源線，通信線，アンテナなどの同軸ケーブルに適切なSPDを設置し，適切な施工（施工方法については5章で後述する）をすることで実現することができる。SPDについては想定されるサージ（過電圧，雷電流）に対して十分な性能を有したものを選定する必要があり，単独で保護ができない場合は複数（2個以上）のSPDを組み合わせて構成し，保護する場合がある（選定方法や保護協調については後述する）。

3章 雷保護の設計

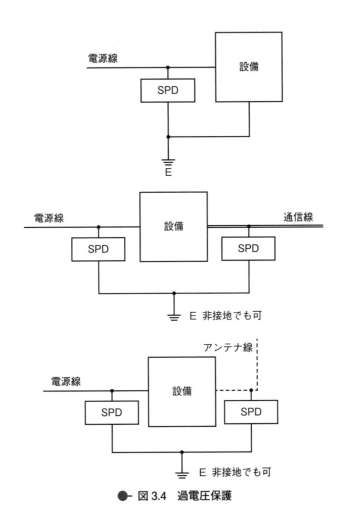

● 図3.4 過電圧保護

3.2.3 等電位化

近年,電気・電子機器をシステム運用することが多く,電源線や通信線,制御線,LAN ケーブル,接地線など,数多くの線路が接続されている。**図 3.5** に示すように雷保護対策として過電圧を抑制する目的でそれぞれの

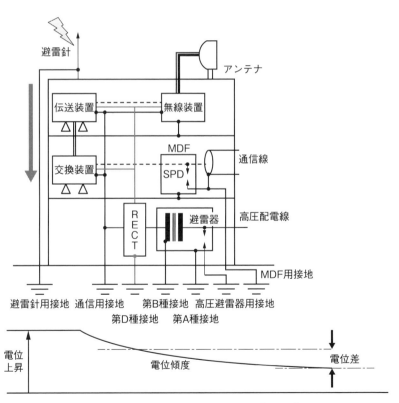

● 図 3.5 個別接地における電位差の発生

線路にSPDを設置しているが，それぞれ個別に接地したがために各々の接地間の電位差により被害に至ることがある。使用環境や運用環境，機器類の電子化などを考慮して，図3.6に示すように等電位化を施すようになってきた[3.3]。図2.1に示した雷保護を構築する基本構成にあるJISにおいてもこれを推奨している。

等電位化については，図3.7に示すように保護したい機器類に接続され

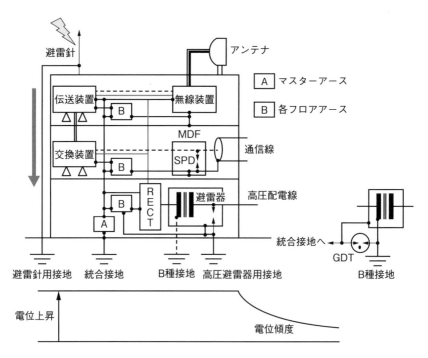

※B種接地が等電位化できない場合はGDT（ガス入り放電管）などのギャップを用いて等電位化する

● 図3.6　統合接地における等電位化

ている線路に設置されている SPD の接地端子同士を接続するバイパス方式と，**図 3.8** に示すように SPD の接地端子と各機器類の接地を共通にして等電位化を図る共通接地方式がある。前者は一般需要家などの比較的規模が小さい設備に採用され，後者は一般需要家以外の比較的大きな設備に採用されている。SPD が動作したときに，SPD を通過する電流を低減（負荷を軽減）させるためには，等電位化された接地を大地に接続し，大地に放流する電流を多くすることも有効である。ここで，大地に多く放流させるためには接地抵抗が低いほうが有利である。接地抵抗の低減については

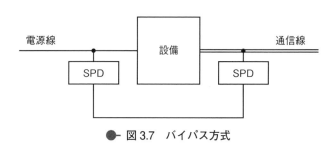

●─ 図 3.7 バイパス方式

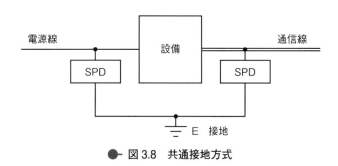

●─ 図 3.8 共通接地方式

3.2.4 接地抵抗の低減

図 3.9 は建物内に機器が設置されており，建物と機器の接地を等電位化して大地に接地している場合で，設置している機器には接地線以外何も接続されていない例である。この場合，接地抵抗が高くても機器には何ら影響を与えないことになる。しかしながら，図 3.10 に示すように機器には電源線や通信線が接続されることがほとんどであり，建物と機器の接地以

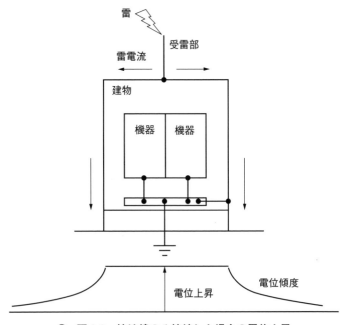

●— 図 3.9　接地線のみ接続した場合の電位上昇

3.2 建築物内の電気・電子機器の雷保護設計

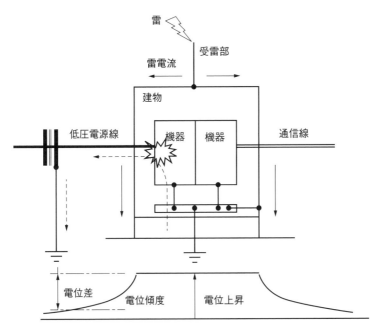

● 図3.10 電源線，通信線，接地線が接続された場合の電位上昇

外にも配電線のB種接地など複数の接地が存在することがある。このとき，建物の受雷部に落雷があった場合，建物と機器の接地極に雷電流が流入し，電位が上昇することになる。建物と機器の接地極以外の接地が機器に接続されている線路に存在した場合，各々の接地間に電位差が発生することになる。この電位差は，建物と機器の接地極の接地抵抗に依存し，接地抵抗が高ければ電位差も大きくなり，機器の有するインパルスに対する絶縁耐力を超えると機器は破壊することになる。この電位差を小さくするためにも接地抵抗の低減は有効な手段である。加えて，このような電位差の発生

や過電圧の侵入から機器を保護するためにSPDを設置している場合，もちろんSPDの動作によって機器は保護することはできるが，接地抵抗が高いと小さな雷電流（発生確率が高い）でも電位差が大きく（頻繁）になり，結果SPDの動作頻度も高くなることからSPDの劣化や破損につながることになる。

したがって，接地抵抗を低くすることが雷保護対策上重要なのである。

3.2.5 遮蔽

建築物内には電源線や通信線，接地線などが多数敷設されていることが多い。これらの線のうち，電圧が加わっている線からは静電誘導による起電力が誘導し，電流が通電されている線からは電磁誘導による起電力が誘導する。このうち静電誘導による起電力に関しては静電的遮蔽が比較的容易に対策することが可能であるが，電磁誘導による起電力に関しては対策が困難な場合がある。

図3.11に示すように，同一フロアにある電気・電子機器AとBに通信線Sが接続されて，通信線Sに近接並行して線路Pが存在している場合，線路Pに雷電流iが流れると通信線Sの両端には電磁誘導電圧Vmが発生することになる。この関係は(3.1)式で表すことができる。

$$V_m = -M \cdot (di/dt) \tag{3.1}$$

V_m：電磁誘導電圧（V）

M：相互インダクタンス（H）

i：起誘導電流（雷電流）（A）

t：時間（s）

(3.1)式より電磁誘導電圧は，起誘導電流（雷電流）の変化率（di/dt）

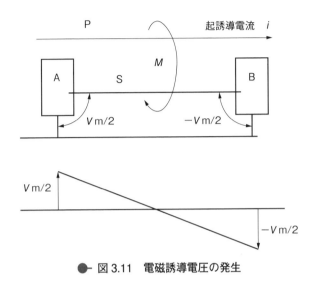

●- 図3.11 電磁誘導電圧の発生

が大きいほど大きくなり，また，相互インダクタンスが大きいほど大きくなることになる。ここで，起誘導電流（雷電流）の変化率（di/dt）は侵入する雷電流によって決定されるため，電磁誘導電圧を小さくするためには相互インダクタンスをできるだけ小さくする（例えば通信線Sと雷電流が流れる線路Pの離隔距離を大きくする）ことが必要となる。

3章 雷保護の設計

3.3　SPDの構成と特性

　基本的にSPD（サージ防護デバイス）は過電圧保護である。したがって，雷等の過電圧を抑制して電気・電子機器を保護するものである。基本動作として，回路に接続されたSPDは通常時（不動作時）では高インピーダンスで，電気・電子機器の運用に影響を与えないように作用し，サージ侵入時（動作時）には一時的または連続的にインピーダンスが低下し，雷過電圧を抑制して電気・電子機器を保護するものである。
　SPDは接続回路によって**表3.2**のように分類され，さらにポート数に

●― 表3.2　接続回路による分類

①	低圧電源回路に接続するSPD
②	信号，通信，制御回路に接続するSPD
③	低圧電源回路ならびに信号，通信，制御回路に接続するSPD

●― 表3.3　ポート数による分類

①	1ポートSPD	入出力端子間にインピーダンスを有さない。電源回路に接続するSPDに多い。
②	2ポートSPD	入力端子対および出力端子対があり，入出力端子間にインピーダンスを有する。信号，通信，制御回路に接続するSPDに多い。

● 表3.4 機能による分類

①	電圧スイッチング形 SPD
②	電圧制限形 SPD
③	複合形 SPD

よって**表3.3**のように分類される。また，SPDの機能によって**表3.4**のように分類される。

3.3.1 電圧スイッチング形SPD

(1) 構造

通常時（不動作時）では高インピーダンスで，電気・電子機器の運用に影響を与えないように作用し，サージ侵入時には雷過電圧に応答して瞬時にインピーダンスが低下し，雷過電圧を抑制するSPDである。
この形のSPDの特徴として，

- 動作（放電）後の制限（残留）電圧が低い
- 静電容量が小さく，高周波回路における伝送損失が極めて小さい（高周波回線にも適用可能である）
- 小型でサージに対する電流耐量が大きい
- 電源回路に単独で使用する場合には続流（サージ消滅後も動作が継続してしまう）現象を引き起こす可能性があるため注意が必要

が挙げられる。

このSPDに使用される素子は，エアギャップ，GDT（ガス入り放電管），TSS（サージ防護サイリスタ），トライアックなどが一般的である。また，

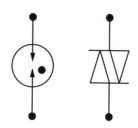

● 図3.12 電圧スイッチング形SPDのシンボル

これらの素子のシンボルの一例を図3.12に示す。

　この中で，代表的な素子はGDTやTSSであり，GDTは密封されたガス中での放電現象を利用したもので，雷過電圧が印加されると速やかに放電を開始し，回路を短絡状態にして雷過電圧を抑制する。このときの動作がスイッチのように作用するので電圧スイッチング形SPDの素子に分類されている。放電後は非常に低抵抗となるため制限電圧も非常に低くなる特性があり，（電力量 $W=$ 電流 I × 電圧 V × 時間 t）の関係からも V が非常に低いことから，比較的小型で大電流を流すことが可能となる。一方，TSSはシリコンチップ構造で，クリッピングおよびクローバ動作によって雷過電圧を抑制する。TSSは雷過電圧に対する高抑圧特性と高電流耐量を有しており，さらに抑圧電圧も段階的に細かく分類することが可能であることから，主に雷に対する耐電圧が極めて低い情報通信分野で多く適用されている。

　GDTの代表的な外観構造を図3.13に示す。

(2) 特性

　ここでは主となる電圧スイッチング形SPDの素子としてGDTについ

3.3 SPDの構成と特性

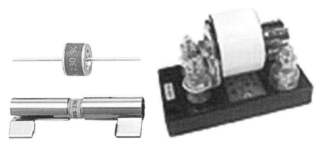

● 図3.13　電圧スイッチング形SPDの外観一例

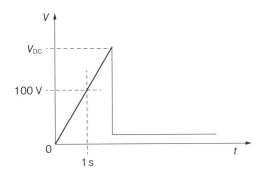

● 図3.14　直流放電開始電圧

て紹介する。GDTの基本的な特性には「直流放電開始電圧」と「インパルス放電開始電圧」の2種類がある。前者の直流放電開始電圧は，最も基本的な特性であり，図3.14に示すように100 V/sで上昇する直流電圧を印加したときに放電を開始する電圧のことをいう。

後者のインパルス放電開始電圧は，インパルス電圧（雷過電圧）を印加したときに放電を開始する電圧のことをいい，図3.15に示すように印加

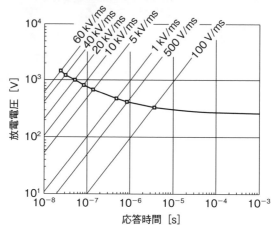

● 図3.15　インパルス放電開始電圧

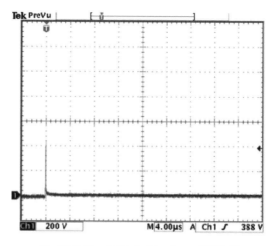

● 図3.16　GDTのインパルス放電特性

するインパルス電圧（雷過電圧）の立ち上がり峻度に依存する．一般的に直流放電開始電圧よりも高い電圧を示し，電気・電子機器の雷保護対策を施す上で重要な要素である．例えば，**図 3.16** は GDT にインパルス電圧（雷過電圧）を印加したときの特性の一例である．非常に早い時間領域で放電を開始し，放電後は非常に低い電圧になっていることがわかる．

3.3.2　電圧制限形 SPD

(1) 構造

通常時（不動作時）では高インピーダンスで，電気・電子機器の運用に影響を与えないように作用し，サージ侵入時には雷過電圧および雷電流が増加するのに従い連続的にインピーダンスが低下し，雷過電圧を抑制する SPD である．

この形の SPD の特徴として，
・非線形で漏れ電流が少ない
・動作時にある程度の制限電圧を有するため電源回路に単独で使用する場合でも続流現象がない（電源回路に単独使用が可能である）
・電流耐量を大きくするのには大形になる
・比較的静電容量が大きい（数 μF 程度）ため，高周波回路における伝送損失が大きくなる（高周波回路への適用や並列して複数個使用する場合には注意が必要）

が挙げられる．

この SPD に使用される素子は，MOV（金属酸化物バリスタ），ABD（定電圧ダイオード）などが一般的である．また，これらの素子のシンボルの一例を**図 3.17** に示す．

この中で，代表的な素子は MOV であり，主に酸化亜鉛を焼結して形成

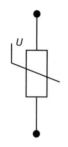

● 図 3.17　電圧制限形 SPD のシンボル

● 図 3.18　電圧制限形 SPD の外観一例

している。MOV は印加される電圧，電流に応じて抵抗が変化し，動作中は過電圧をある制限電圧に抑制する。このときの動作が電圧を制限するように作用するので電圧制限形 SPD の素子に分類されている。動作中はある程度の制限電圧を保持する特性があり，（電力量 W = 電流 I × 電圧 V × 時間 t）の関係からも V がある程度の大きさを有することから，同じ電流を流すためには GDT よりも大型となる。

MOV の代表的な外観構造を**図 3.18** に示す。

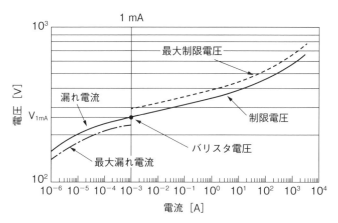

● 図3.19 バリスタ電圧

(2) 特性

　MOVの基本的な特性には「バリスタ電圧（直流動作電圧ということもある）」と「制限電圧」の2種類がある。前者のバリスタ電圧は，最も基本的な特性であり，図3.19に示すように直流電流1 mAを流したときのMOV端子間の電圧のことをいう。

　後者の制限電圧は，インパルス電流を印加し，MOVに雷電流が流れたときにMOVの端子間に発生する電圧のことをいう。一般的にMOVに流れる電流が増加するに従い端子間に発生する電圧も高くなるため，電気・電子機器の雷保護対策を施す上で重要な要素である。例えば，図3.20はMOVにインパルス電流を通電したときの特性の一例である。非常に早い時間領域で動作を開始し，動作中はある程度の電圧を保持していることがわかる。

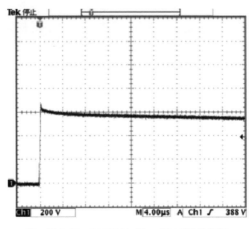

● 図3.20 MOVのインパルス動作特性

● 3.3.3 複合形SPD

(1) 構造

　電圧スイッチング形SPDおよび電圧制限形SPDの両方の特性をあわせて雷過電圧を抑制するSPDである。1ポートSPDの複合形SPDについては，電圧スイッチングSPDと電圧制限形SPDを直列に組み合わせたものが主流であり，2ポートSPDの複合形SPDについては，電圧スイッチングSPDと電圧制限形SPDを並列に組み合わせ，この間に直列にインピーダンスを有したものが主流である。

　複合形SPDの構成の一例を**図3.21**に示す。

　この中で，代表的な組み合わせ素子として1ポートSPDではGDTとMOVを直列に構成したものが主流であり，主に低圧電源回路に使用している。また，2ポートSPDではGDTと，MOVやABDを並列に構成し，

3.3 SPDの構成と特性

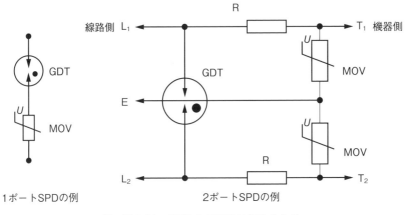

● 図3.21 GDTとMOVの組み合わせ

● 図3.22 複合形SPD（1ポートSPD）の外観構造例（400V系）

この間に直列に抵抗体を挿入しているものが主流であり，主に信号，通信，制御回路に使用している。

複合形SPDの代表的な外観構造を図3.22, 3.23に示す。

3章 雷保護の設計

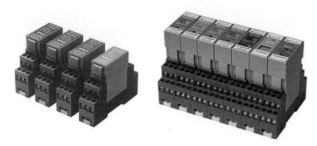

● 図 3.23 複合形 SPD（2ポート SPD）の外観構造例

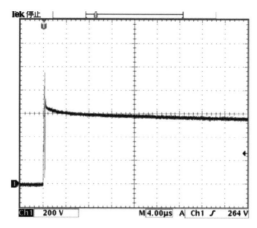

● 図 3.24 1ポート SPD のインパルス動作特性

(2) 特性

複合形 SPD は電圧スイッチング形 SPD および電圧制限形 SPD の両方の特性を併わせ持った SPD であり，直列に構成した場合と並列に構成した場合で特性が異なってくる。例えば，**図 3.24** は 1 ポート SPD の GDT

3.3 SPDの構成と特性

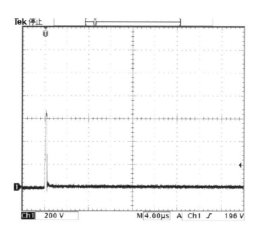

● 図 3.25 2 ポート SPD のインパルス動作特性

と MOV を直列に構成した SPD にインパルス電圧（雷過電圧）を印加したときの特性である。早い時間領域では GDT の特性を示し，動作中は MOV の特性の一例を示していることがわかる。**図 3.25** は 2 ポート SPD の GDT と MOV を並列に構成した SPD にインパルス電圧（雷過電圧）を印加したときの特性の一例である。早い時間領域では MOV の特性を示し，動作中に GDT の放電動作に移行していることがわかる。

3.4 SPDの選定と設置場所

● 3.4.1 低圧電源回路用SPD

低圧電源用SPDは**表3.5**示す3つのクラス（試験）があり，その用途に応じて選定する必要がある[3.4]。

試験内容についてはJIS C 5381シリーズに詳しく記載されているが，主にSPDメーカーに要求されるものであり，詳細は割愛する。

(1) 主な保護回路方式

低圧電源回路用SPDの保護回路方式は，電圧スイッチング形SPD，電圧制限形SPD，およびそれらの組み合わせによって構成される。ただし，

● 表3.5 SPDのクラスとそれに対応する試験

SPDのクラス	試験	
クラスⅠ SPD	クラスⅠ試験	試験電流波形 I_{imp}：10/350 μs
クラスⅡ SPD	クラスⅡ試験	試験電流波形 I_n, I_{max}：8/20 μs
クラスⅢ SPD	クラスⅢ試験	試験電圧，電流波形：1.2/50 μs, 8/20 μs

クラスⅠ SPD：直撃雷の分流分を想定したSPD
クラスⅡ SPD：誘導雷を想定したSPD
クラスⅢ SPD：被保護機器の内部または直近に接地することを想定したSPD

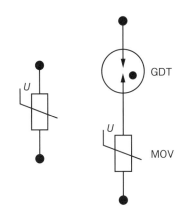

● 図 3.26　低圧電源用 SPD の回路方式例

電圧スイッチング形 SPD 単独で保護回路を構成した場合，続流現象（サージが消滅した後も動作が継続してしまう現象）を引き起こす可能性があるため，十分注意が必要である。一般的には，電圧制限形 SPD である MOV 単独，もしくは電圧スイッチング形 SPD である GDT と電圧制限形 SPD である MOV を直列に組み合わせた構成をしている。図 3.26 に主な保護回路方式を示し，代表的な SPD の概観構造を図 3.27 に示す。

(2) 選定方法

SPD の選定に関する検討の要点を図 3.28 に示す。

a. SPD の U_c，U_T および I_n，I_{imp}，U_{oc} について

100 V，200 V 単相 2 線式，100 V/200 V 単相 3 線式における U_c は，100 V では 110 V，200 V では 230 V とする。SPD の一時的過電圧（U_T）は SPD が規定時間内耐えることのできる最大値で，配電系統の高圧側に

3章 雷保護の設計

クラスⅠSPD（AC用）

クラスⅡSPD（AC用）

クラスⅡSPD（DC用）

● 図3.27 低圧電源回路用 SPD の外観構造例

おける地絡事故時に低圧側に発生する一時的過電圧および低圧側で発生する事故による過電圧に対するものである。

SPD の電流耐量についてはクラス試験に応じたものを選定するが，一般的にはクラスⅡ SPD の中で適切と思われるものを選定する。一般に，公称放電電流（I_n）が 5 kA 程度のものを選定すればいいとされているが，高寿命，高信頼性を求める場合には I_n の大きいものを（例えば 20 kA）選定することを推奨している。また，日本海側の冬季雷地域や山頂などの特別な環境にある設備においては，より大きい電流耐量（例えばクラスⅠ SPD）を有する SPD の選定を推奨している。

b. 防護距離

SPD を設置する場所を決めるときに，保護したい機器と設置する SPD

3.4 SPDの選定と設置場所

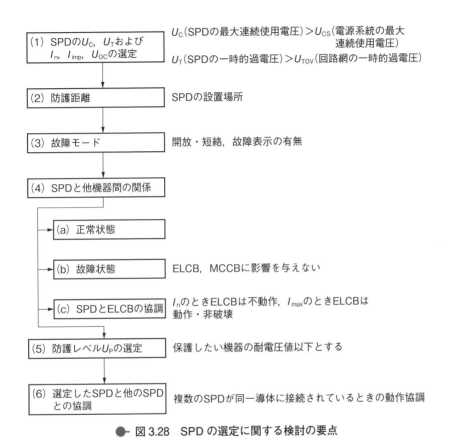

● 図3.28 SPDの選定に関する検討の要点

との距離が大切である。この距離はSPDの特性（U_p），建物内の電気・電子機器の耐電圧性能に大きく関わる。

c. 故障モード

3章 雷保護の設計

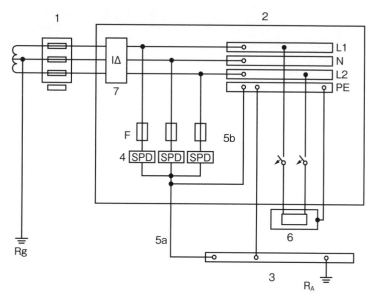

1. 設備の引込口
2. 分電盤
3. 主接地端子あるいはバー
4. SPD
5. 5aあるいは5bいずれかをSPDの接地に接続
6. 被保護機器
7. 主遮断器
F. SPDの製造業者が指定する保護装置（例えば，ヒューズ，遮断器，ELCBなど）
R_A. 設備の接地極（接地抵抗）
R_g. 電源系統の接地極（接地抵抗）

単相3線式（200V/100V）における分離器の設置例

●─ 図3.29　分離器の設置

　SPDの故障に関してはサージの種類や発生頻度によって左右される。SPDには仕様で I_{max}，I_{imp} などが示されているが，SPDを設置した後にそれらを超えるサージが侵入すればSPDは故障に至ることになる。このとき，電源供給の障害や中断を避けるために電源側の遮断器との協調が必

3.4 SPDの選定と設置場所

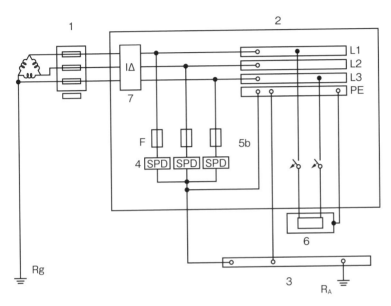

1. 設備の引込口
2. 分電盤
3. 主接地端子あるいはバー
4. SPD
5. 5aあるいは5bいずれかをSPDの接地に接続
6. 被保護機器
7. 主遮断器
F. SPDの製造業者が指定する保護装置 (例えば,ヒューズ,遮断器,ELCBなど)
R_A. 設備の接地極(接地抵抗)
R_g. 電源系統の接地極(接地抵抗)

三相3線式(200V)における分離器の設置例

要となる。また,故障時には安全にSPDを電路から切り離す分離器を設置することがJISで規定されている。基本的には**図3.29**に示すように,電源側の遮断器との協調を図るようにSPDと分離器を配置することが重要である。特に直流回路に設置する場合は,注意が必要である。

3章 雷保護の設計

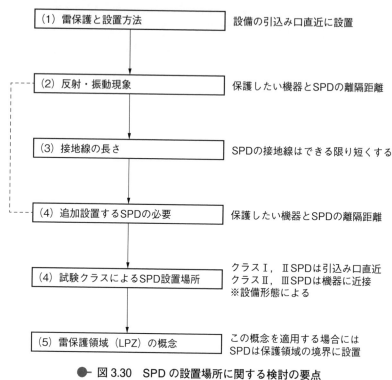

●─ 図3.30 SPDの設置場所に関する検討の要点

(3) 設置場所

SPDの設置場所に関する検討の要点を図3.30に示す。

a. 雷保護と設置方法

基本的にSPDは建物引込み口に設置する。JISでは配電系統をTN系統，IT系統，TT系統それぞれ解説しているが，日本ではTT系統（電力供給系統の1点を直接接地し，設備の露出導電性部分は電力供給系統の接地

3.4 SPDの選定と設置場所

●― 表3.6 機器に要求されるインパルス耐電圧

設備の公称電圧 (V)		要求されるインパルス耐電圧 (kV)			
三相 (4線)	単相 (3線)	耐インパルスカテゴリ			
		Ⅳ (引込み口)	Ⅲ (幹線)	Ⅱ (負荷)	Ⅰ (機器内)
	120 − 240	4	2.5	1.5	0.8
230/400 277/480		6	4	2.5	1.5
400/690		8	6	4	2.5

カテゴリⅠ：特別に保護された機器
カテゴリⅡ：主電源に接続される負荷機器
カテゴリⅢ：幹線および分岐回路の機器
カテゴリⅣ：設備の引込み口の機器

極とは電気的に独立した接地極に接続する）を採用しているため，この系統での設置を検討すればよい．

ここで，電気設備内の機器にはその使用の違いを区別するために，JISでは各機器に要求されるインパルス耐電圧を**表3.6**のように規定している[3.5]．

表3.6にあるカテゴリの中で，われわれが通常保護したい機器といえばカテゴリⅠまたはカテゴリⅡに属する機器類である．したがって，前述した"基本的にSPDは建物引込み口に設置する"だけでは不十分であることになる．これはあくまでも基本的な考え方であり，現場においては経験上，**図3.31**のように設置することが多い（詳細については後述する）．

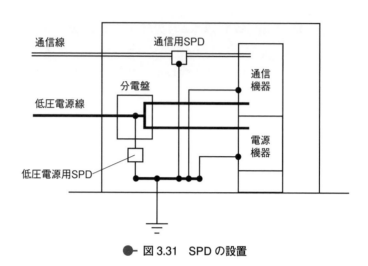

● 図 3.31　SPD の設置

b. 反射・振動現象

　保護したい機器と設置した SPD との距離が長い場合，反射・振動現象により防護レベル（U_p）よりも高い電圧が発生することが実験や研究で判明しており，この電圧で機器が破損することがある。

　図 3.32 で示した防護距離は，保護したい機器に加わるサージの波形や配線導体の長さなどに依存するが，一般的には保護したい機器と設置した SPD との距離が 10 m 以上の場合や，保護したい機器が電子機器の場合，雷によって建物内部に電磁界などが発生する場合には保護したい機器の直近に SPD を追加設置することが望ましい。このとき，これらの SPD の動作協調を図ることが必要である。

c. 接地線の長さ

3.4 SPDの選定と設置場所

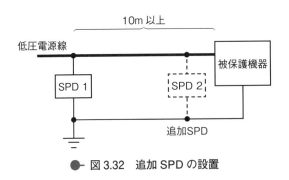

● 図 3.32　追加 SPD の設置

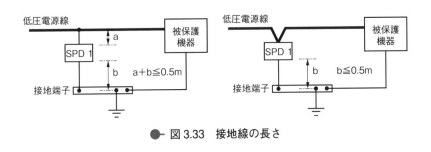

● 図 3.33　接地線の長さ

　最適な雷保護を実現するために，SPDに接続する導体はできるだけ短くすること（接続導体の総亙長で 0.5 m 以下が望ましい）がJISで**図 3.33**のように記載されている。実際にこんなことができるだろうか？　新設の場合はあらかじめ最短になるように配線することが可能ではあるが，既設に追加設置する場合の解決策は 5 章で紹介する。

d. 試験クラスによる SPD の設置場所選定

　引込み口に設置する SPD は，侵入するサージに対応して選定すること

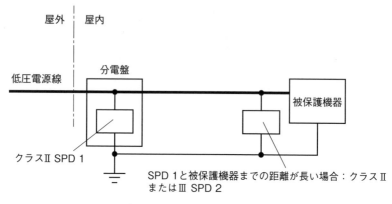

図 3.34　SPD の設置場所

が必要であり，一般的にはクラス II SPD を使用する場合が多い。前述したように，公称放電電流（I_n）が 5 kA 程度のものを設置すればいいとされているが，高寿命，高信頼性を求める場合には I_n が大きいものを（例えば 20 kA）設置することを推奨している。また，日本海側の冬季雷地域や山頂などの特別な環境にある設備においては，より大きい電流耐量（例えばクラス I SPD）を有する SPD を設置することがある。

一般的には図 3.34 に示すように，低圧電源系統に関しては分電盤にクラス II SPD を，機器までの距離が長い場合には機器の前にもクラス II SPD（クラス III SPD レベルでも可能）を設置することが多い。

e. 雷保護ゾーン（LPZ）の概念

各ゾーンの境界に SPD を設置し，雷の強度を段階的に低減させるという概念である[3.6]。図 3.35 に示すように，雷による電磁インパルスの強さ

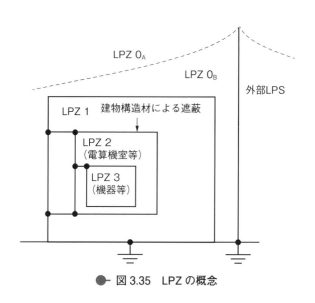

● 図 3.35　LPZ の概念

の異なるゾーンを決めて，いくつかの保護ゾーンに分割して考える。その結果，雷の脅威を段階的に低減させることができ，保護が容易となるという考え方である。JIS では**表 3.7** のように分類しており，分類された保護ゾーン（LPZ）を貫通する金属部分は雷により発生する過電圧を低減するために，境界部分において接地ボンディングバーに接続することとしている。直接接地ができない電源線や通信線などについてはできるだけ 1 箇所から引き込み，各保護ゾーンの境界で SPD を介して接地ボンディングバーに接続している。

　ここで，電源線や通信線などについてはできるだけ 1 箇所から引き込むというのは，例えば**図 3.36** のように機器への接続部を対抗する方向からとすると，どちらかの SPD の接地線が長くなる可能性があるからである。

● 表3.7 雷保護ゾーン(LPZ)の定義

LPZ	定　義
LPZ 0_A	直撃雷にさらされる空間で全雷電流が流れ,雷による電磁界は減衰していないゾーン
LPZ 0_B	直撃雷にはさらされていないが,雷による電磁界は減衰していないゾーン
LPZ 1	直撃雷にはさらされず,ゾーン内に流れ込む雷電流は LPZ 0_B 内よりも減衰しているこのゾーンに遮蔽対策を施せば,雷による電磁界は減衰する
LPZ 2～	電流および電磁界をさらに減衰させる必要がある場合に導入する

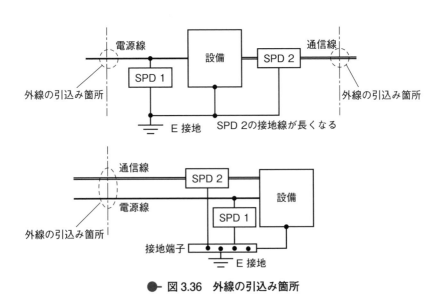

● 図3.36 外線の引込み箇所

3.4 SPDの選定と設置場所

　この考え方はJISによる基本的な考え方であり，建築物の構造や立地環境，保護したい機器の設置環境に応じて対策を講じることが現実的である。

3.4.2　信号・通信・制御回路用SPD

　信号・通信・制御回路用SPD（以下，通信用SPDという）は低圧電源回路用SPD同様，試験が分類されている。通信用SPDでは試験の種類により細かくカテゴリ分けされているが，主なSPDメーカーではカテゴリD1とC2の双方を満足するものを製造・販売していることがほとんどである。カテゴリD1は，直撃雷の分流分を想定したSPDで，カテゴリC2は誘導雷を想定したSPDである。試験内容については低圧電源回路用SPDと同様，SPDメーカーに要求されるものであり，詳細は割愛する。

(1) 主な保護回路方式

　通信用SPDの多くは2ポートSPDであり，電圧スイッチングSPDであるGDTと，電圧制限形SPDであるMOVやABDを並列に構成し，この間に直列に抵抗体を挿入しているものが主流である。信号・通信・制御回線には様々な回線種別があり，その用途によってSPDの回路構成が異なってくる。**表3.8**は回線種別に応じた通信用SPDの保護回路方式の代表例である。

(2) 選定方法

　通信用SPDの選定方法については，保護したい機器の信号・通信・制御回路における絶縁耐力を知ることが重要となる。保護したい機器の信号・通信・制御回路における絶縁耐力は，**図3.37**に示す
　① 線路〜接地間

3章　雷保護の設計

●- 表3.8　回線種別に応じた通信用 SPD の保護回路方式

回線種別	通信用SPDの保護回路方式
一般電話回線，ISDN，ADSL等	GDT／PTC／TSS 構成回路
低電圧・電流信号用器着（フォトMOS，フォトカプラ，4-20mA，パルス信号，RS232C等）	GDT／R／ABD 構成回路
RS485，RS422，DC60V以下の信号機器，自動火災報知設備	GDT／MOV 構成回路
接点信号（無電圧・有電圧），制御信号，熱電対，ポテンショメータ，放送機器（スピーカ）	GDT／MOV 構成回路
LAN設備（1000Base-T，100Base-TX，PoE，PoE＋）	PTC／GDT／TSS 構成回路（L1, L2, T1, T2, E）
監視カメラ，同軸ケーブル接続機器	BNC-N／BNC-OUT，ARR（ガスアレスタ），NT（中軸トランス）

PoE：Power Over Ethernet

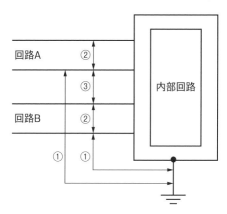

● 図3.37　信号・通信・制御回路の絶縁耐力

② 線間
③ 回路相互間，入出力間

に分類できるが，これらのデータは信号・通信・制御機器メーカーから入手しなければならない。読者の中にも経験したことがあるかと思うが，意外と入手にてこずることがある。そこで，以下に大枠ではあるが，一つの目安として紹介する。

a. 線路～接地間の絶縁耐力

信号・通信・制御機器の信号・通信・制御回路～接地端子間の絶縁耐力は一般的にDC500V　1分間，電源回路～接地端子間の絶縁耐力は一般的にAC1,500V　1分間で設計されているものが多い。これらの値で設計・製作された機器のインパルスにおける絶縁耐力は，これら数値の2倍から3倍の値となっていると考えられている。これは絶縁耐力の設計値に対し，

3章 雷保護の設計

インパルスは非常に短時間であるからである。ただし,信号・通信・制御機器の種類によっては,回路の1線やSGが直接接地されている場合がある。この場合には線間の絶縁耐力と同じ条件となる可能性があるため,十分注意が必要である。

b. 線間の絶縁耐力

信号・通信・制御機器の線間における絶縁耐力は機器の種類によって大きく異なる。リレーや巻き線,接点などで構成されている場合,インパルスにおける絶縁耐力は2kV程度と考えられているが,IC等の電子回路に直接接続されている場合では数V〜数十V程度となっている場合がある。

c. 回路相互間,入出力間

信号・通信・制御機器の回路相互間,入出力間における絶縁耐力は線間同様,トランスなどによって絶縁されている場合にはDC500V以上(インパルスにおける絶縁耐力は,この数値の2倍から3倍の値)あるものも存在しているが,IC等の電子回路に直接接続されている場合では数V〜数十V程度となっている場合がある。

以上のように,信号・通信・制御機器を保護するための通信用SPDの選定は非常に難しいのが現実であるため,SPDメーカーに相談しながら進めていくのが望ましい。

3.5 耐雷トランス（電源用保安装置）の構成と特性

　耐雷トランスの構成には大別して次の2種類がある。
・絶縁形
・放流形

　基本的に耐雷トランスのトランス部分にはシールドトランスが用いられており，インパルスで30 kV（1.2/50 µs）の絶縁耐力を有しているものが標準的である。

　なぜこのような高い電圧の絶縁耐力が必要になったかというと，配電線から侵入する誘導雷を考えた場合，まず高圧（6.6 kV）配電線に誘導雷が発生する。配電線には柱上変圧器（一般的にポールトランスと呼んでいる）があり，高圧を低圧（200 V/100 V）に変換している。このとき，高圧側には柱上変圧器の保護のために高圧避雷器が設置されており，この高圧避雷器の最大不動作電圧が33 kVとなっていた。かつて，柱上変圧器の静電移行率（高圧側の線路～大地間の電圧が低圧側の線路～大地間の電圧として現れる割合）が90 %程度としていたため，低圧側に発生する異常電圧は33 kV×0.9＝29.7 kVとなり，耐雷トランスの1次側～大地間，1次側～2次間の絶縁耐力を30 kVとしたものと考えられる。

　耐雷トランスは1次側巻線と2次側巻線の間に静電遮蔽（シールド）を施したものが多く，これを大地に接地することで静電移行率の性能を向上させている。一般的に1次側から2次側への静電移行率は1/100（10 kVの過電圧が侵入したときに10 Vまで抑制する）程度のものが多く，高信

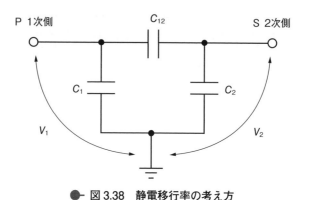

●- 図 3.38 静電移行率の考え方

頼性を要求する機器の保護などには静電移行率が 1/1,000（10 kV の過電圧が侵入したときに 1 V まで抑制する）の耐雷トランスを使用することがある。静電移行率は**図 3.38** に示すように，1 次側～接地間，2 次側～接地間，1 次側～2 次側の静電分圧によって決定され，2 次側に移行される電圧は(3.2)式で表すことができる。低圧（200 V/100 V）で稼働する機器を保護する場合には，静電移行率は 1/100 程度あれば十分である。

$$V_2 = \frac{C_{12}}{(C_{12} + C_2)} \times V_1 \tag{3.2}$$

C_1：1 次側～接地間の静電容量〔F〕
C_2：2 次側～接地間の静電容量〔F〕
C_{12}：1 次側～2 次側間の静電容量〔F〕
V_1：1 次側電圧〔V〕
V_2：2 次側電圧〔V〕

また，耐雷トランスは負荷の容量や使用電圧に応じてその都度トランス

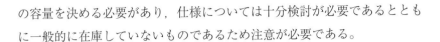

の容量を決める必要があり，仕様については十分検討が必要であるとともに一般的に在庫していないものであるため注意が必要である。

3.5.1 絶縁形（耐圧形）耐雷トランス

図3.39に示すように，発生した雷過電圧を耐雷トランスの絶縁耐力のみで保護する方式で，線路〜大地間には何も設置されていない。配電線から侵入する雷過電圧や大地電位上昇による雷過電圧に対しても，1次側〜接地間の絶縁耐力によって機器を保護する方式である。

絶縁形（耐圧形）対雷トランスの外観構造の一例を図3.40に示す。

では，配電線から侵入する雷過電圧や大地電位上昇による雷過電圧がこの絶縁耐力を超えた場合はどうなるのかというと，当然耐雷トランスの絶縁破壊が発生することになり，交換を余儀なくされる。SPDなどと比較して高価なものであるとともに製作納期もかかるため，その間無防護になる可能性もある。したがって，この方式は配電線からの雷過電圧に対して保護するときに多く採用される方式であり，直撃雷による大地電位上昇に対しては設備の接地抵抗にもよるが，配電線からの雷過電圧と比較してか

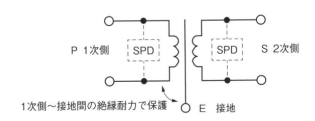

※線間にSPDを設置している方式もある

● 図3.39　絶縁形（耐圧形）耐雷トランス

●- 図3.40　絶縁形（耐圧形）耐雷トランスの外観構造の一例（屋内形）

なり大きなものになるため注意が必要である。先に述べたように，耐雷トランスの絶縁耐力はインパルスで30 kV（1.2/50 μs）のものが標準的であることから，設置する立地環境や落雷頻度などを十分検討した上で導入することが重要である。

3.5.2　放流形耐雷トランス

図3.41に示すように，発生した過電圧を耐雷トランス1次側の線路～大地間に設置されたSPDと耐雷トランスで保護する方式で，配電線から侵入する雷過電圧や大地電位上昇による雷過電圧に対しても，1接地間に設置されたSPDの電圧防護レベルと耐雷トランスのシールド効果によって機器を保護する方式である。

放流型対雷トランスの外観構造の一例を図3.42に示す。この方式の場合，配電線から侵入する雷過電圧や大地電位上昇による雷過電圧が発生するとSPDが動作することになり，耐雷トランスの絶縁耐力を脅かすことはない。また，SPDの電圧防護レベルが多少高くても耐雷トランスのシールド効果によって機器側に発生する電圧を低く抑制することができる。しかし，

3.5 耐雷トランス（電源用保安装置）の構成と特性

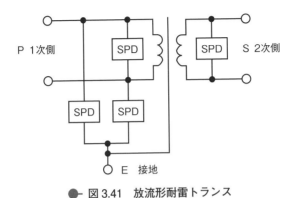

●─ 図3.41　放流形耐雷トランス

●─ 図3.42　放流形耐雷トランスの外観構造の一例（屋外形）

SPDが動作を開始する電圧を低いものを選定した場合，侵入する雷過電圧に対して動作頻度が高まることになる．最近ではSPDの動作開始電圧を耐雷トランスの絶縁耐力付近まで高くすることで，なるべくSPDの動作頻度を抑え，なおかつ耐雷トランスの絶縁耐力と協調を図った方式が多

く採用されている。

　したがって，この方式は，配電線からの雷過電圧と直撃雷による大地電位上昇による雷過電圧に対して機器を保護することが可能となる。

　耐雷トランスの方式選定にあたっては，配電線から雷過電圧が侵入する可能性が有り，直撃雷による大地電位上昇による雷過電圧が直接侵入しない設備で，高信頼性を要求する機器の保護には絶縁形耐雷トランスを選定することが望ましい。また，配電線からの雷過電圧と直撃雷による大地電位上昇による雷過電圧が侵入する可能性がある機器の保護には放流形耐雷トランスを選定することが望ましい。配電線からの雷過電圧と直撃雷による大地電位上昇による雷過電圧が侵入する可能性がある場合で放流形耐雷トランスを採用する場合，直撃雷を受ける可能性がある設備と一般需要家設備の低圧配電線を共用している場合にはさらに注意が必要となり，耐雷メーカーに相談して欲しい。

4章
雷被害と対策事例

4章　雷被害と対策事例

　ここまで雷放電と雷被害，雷保護の基本的な考え方，雷保護の設計について，基本的項目を中心に述べてきたが，やはり教科書的な表現や紹介となってしまう。現場環境が違えばそれなりに対策手法も違ってくることが多く，規格だけわかっていても，また，理屈だけわかっていても現場でどのように構築するか重要である。極端な言い方で異論があるのかもしれないが，規格は必要最低限のものであり，知っていなければいけないのかもしれないが，それだけでは十分な雷対策は構築できないと思っている。やはり現場環境，機器仕様，そして雷保護対策を依頼したお客様の気持ちを考慮して構築していくことが大切なことだと考えている。本章では，多数の現場調査の経験を基にした対策事例を紹介する。

---- 4.1 建築物の被害と対策事例

4.1 建築物の被害と対策事例

　直撃雷による建築物の雷被害のほとんどが屋上部のコンクリートの破損である。コンクリート破損の原因としては，受雷部での雷撃の捕捉失敗と引下げ導線の不調による閃絡による破損となる。**図 4.1** は受雷部の配置によるものの他，建築構造による取付けによるもので，保護範囲外の部分に雷撃を受けたものと想定でき，**図 4.2** は，受雷部（水平導体）で雷撃を受止めたが引下げ導線より構造体の鉄筋の抵抗が低く，金属アンカーを介して閃絡によるコンクリート破損と考えられる。両者は，高さ 100 m を超える超高層建築物であり，特に屋上部の突角部に対する受雷部配置および引下げ導線の構造及び配置を綿密に計画する必要がある。

　ここで紹介する保護例は，建築物のコンクリート破損に対する基本的対

● 図 4.1　突角部の雷被害

● 図 4.2　閃絡による雷被害

策である。

　建築物の保護では，回転球体法の考えを用いることパラペットの出隅みなどの，突角部に雷撃を受けることがわかる。一般の建築物に水平導体を施設すると，図 4.1 に示したとおり突角部より内側に取付けることになり，理論的には外壁の突角部が保護されてない場合がある。これは建築構造に関連する問題でもあるため，一概に施工自体の不備を示唆することもできない。したがって，雷対策としての有効性を求めるには下記の対策をおこなうことで外部 LPS の効果を高めることができる。

　① 　出隅（突角部）に追加突針の施設（**図 4.3**）
　② 　突角部の構造体（鉄筋・鉄骨）に接続（建物角部の引下げ導線配置）
　③ 　建築用金属構成部材（アルミ笠木など）の有効利用（**図 4.4**）

　特に，アルミ笠木など建築用金属構成部材を利用してパラペットを包み込む受雷部は非常に有効な形状となる。ただし，アルミ笠木を導体として用いる場合は，笠木間の電気的連続性を確保する必要性があるため注意が必要である。

4.1 建築物の被害と対策事例

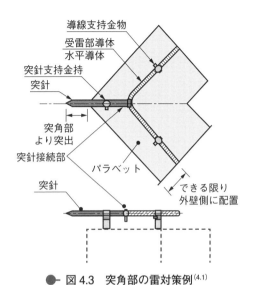

●- 図 4.3 突角部の雷対策例[(4.1)]

●- 図 4.4 建築用金属構成部材による雷対策例

4章 雷被害と対策事例

4.2　一般需要家設備の雷被害と対策事例

　前にも述べたように，一般需要家設備の機器が電子化され，情報サービスの提供を受けるためにネットワーク化が進み，電源線と通信線が相互接続される機器が増加した。さらにケーブルテレビなどの同軸ケーブルも接続されるようになるにしたがい，雷被害が増加している。通信事業の進展により社会生活が便利になった反面，市街地にも通信アンテナのように高構造物設備が建設されるようになり，落雷頻度も高まってきている。この高構造物設備と一般需要家設備が低圧配電線を共用していた場合，高構造物設備に落雷があるとその影響により一般需要家設備の機器が被害を受けることは前述したとおりであり，特に注意が必要である。ここでは1章で示した一般需要家設備の雷被害を基本とした対策事例を紹介する。

(1) 一般住宅・ビル設備

　図4.5(a)に示すように，基本的には保護したい機器に接続されている線路の引込み口にSPDを設置し，接地を共通にすることである。電話線やCATVなどの同軸ケーブルが引き込まれている場合，その引込み口には通信事業者が個別に加入者用保安器（SPD）を設置しているため，電話線や同軸ケーブル側はおのずから加入者用保安器の屋内側（機器側）で対策を施すことになる。また，図4.5(b)に示すように，屋外に設置されている機器で函体などの外装を接地しているものについては設置したSPDの接地端子と共通にすることが重要である。

4.2 一般需要家設備の雷被害と対策事例

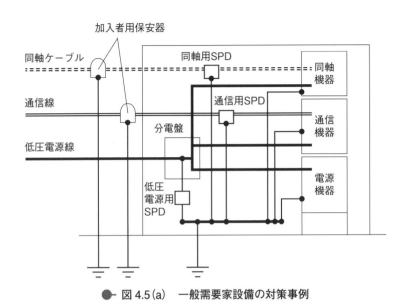

● 図 4.5(a) 一般需要家設備の対策事例

　集合住宅については，雷被害の様相は基本的に戸建住宅と同様であるが，大規模な集合住宅になると階層も高くなり，また複数の棟で構成されている。個々の棟間を電源線や通信線などで接続している場合には，戸建住宅同様，保護したい機器に接続されている線路の引込み口にSPDを設置し，接地を共通にすることである。また，複数の棟の接地を等電位化することも有効であるが，既設の場合には工事が困難である場合が多い。これらの構成は学校や病院でも多くみられ，同様の対策が必要となる。基本的には図 4.6(a)(b)に示すように引込み回線種別に対応したSPDで対策することが現実的である（鉄筋鉄骨造の場合，基礎が良好な接地システムとなるため，個々の建物の接地抵抗は低くなっていることが多い）。

109

4章 雷被害と対策事例

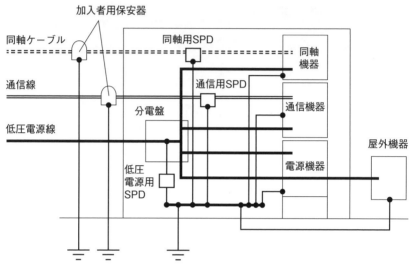

● 4.5(b) 一般需要家設備屋外接地機器の対策事例

　ビル設備も集合住宅と同様に考えられるが,集合住宅と異なる点は各階にある機器同士を通信線などで接続しているものがあることである。ビルに落雷したときに雷電流は構造体の鉄骨鉄筋を流れることになり,階層間の電位差や誘導電圧に対して対策を施すことが必要となる。基本的には**図4.7**に示すように各階で機器の接地を等電位化し,SPDで対策する[4.1]。集合住宅,ビル設備などの比較的大きな施設では分電盤を設けており,分電盤の接地端子の位置はというと,**図4.8**に示すようにたいていは最下端にあって機器の接地もこの接地端子に接続されていることがほとんどである。一方,SPDの取付け位置はというと,上部にある主開閉器付近に設置されることが多く,SPDの接地端子から分電盤の設置端子までの配線

4.2 一般需要家設備の雷被害と対策事例

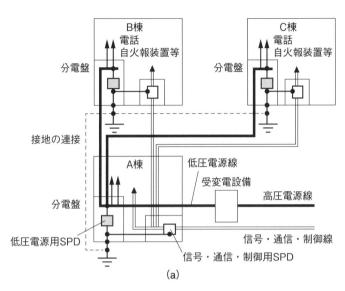

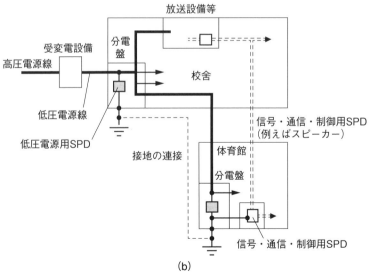

● 4.6 複数棟存在する場合の雷保護

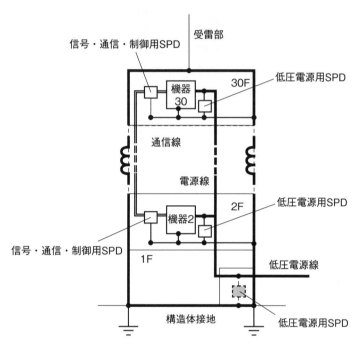

● 図 4.7 ビルの上下間にある設備の雷保護

長が長くなっていることが多い。これは 3 章で示した SPD に接続する導体はできるだけ短くすること（接続導体の総亘長で 0.5 m 以下が望ましい）に反することであるが，現場では黙認されてしまうことがしばしばあるのが現実である。では，どうすればよいか。図 4.9 に示すように設置する SPD の近傍に接地端子（バー）を設け，機器の接地もこれに接続するようにすれば，接地線の最短接続が実現することになる。これは後述する特定需要家設備やその他の設備でも同様である。

4.2 一般需要家設備の雷被害と対策事例

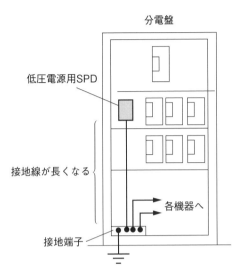

● 図 4.8 標準的な分電盤の接地端子位置

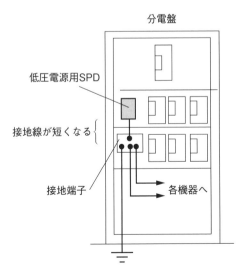

● 図 4.9 接地線を短くするための接地端子位置

4.3 特定需要家設備の雷被害と対策事例

　特定需要家設備には電力設備（送電線，配電線，発電所，変電所など）があるが，近年では被害事例も少なくなってきていることから，ここでは1章で示した中の比較的被害が多い無線中継所設備の雷被害について対策事例を紹介する。

　放送・無線中継所はその機能を果たす上で山頂付近に高い鉄塔を設置しているため，落雷の頻度が高くなっている。被害の多くは落雷電流が低圧配電線を通じて逆流してくる逆流雷によって電源部の被害を受けていることが多い。これは1章でも触れたように，設備環境などによって接地抵抗が比較的高い場合があることに起因している。したがって，まず接地抵抗の低減が原則となる。しかし，限られた敷地内であるため，面的に接地システムを追加することは不可能である。そこで，図4.10に示すように，垂直方向に接地システムを追加する方法が有効である。また，追加する接地システムと電源線の引込みルートも重要であり，鉄塔に落雷した雷電流が，なるべく建物（内部の機器）の接地を通らないようにすることが望ましい。建物内部にある電気・電子機器の雷対策については図4.11に示すように，基本的には一般需要家同様，引込み口にSPDを設置し，接地を共通にすることである。ただし，直撃雷の分流分がSPDを通過することになるので，SPDの電流耐量に注意が必要であり，クラスⅠSPDとクラスⅡSPDを組み合わせて選定することで信頼性を向上させることができる。また，図4.12に示すように，電力の責任分界点が中継所建物とは離れた

4.3 特定需要家設備の雷被害と対策事例

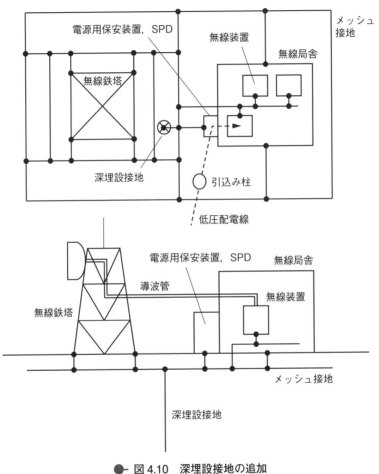

● 図4.10 深埋設接地の追加

別の場所に引込み盤としてある場合，建物内設備の接地と引込み盤の接地の等電位化を強化し，引込み盤にも SPD を設置する。

4章 雷被害と対策事例

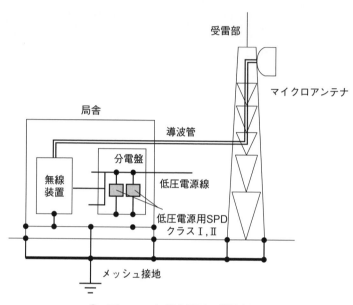

● 図4.11　無線中継所の対策例　1

　特定需要家設備ではないかも知れないが，通信事業者の基地局も同様な対策が望まれる。前述した中継所設備と明らかに異なることが設備環境である。基地局は1章でも触れたように市街地に設備されることが多くなってきている。したがって，基地局に電源供給するための低圧電源線も一般需要家設備と共用になることが多くなる。万が一，基地局の鉄塔に落雷があると，**図4.13**に示すように局舎接地の電位が上昇し，低圧電源線B種接地間との電位差により基地局側からB種接地に雷電流が逆流することになる。このとき，B種接地に流入した雷電流とB種接地の接地抵抗の積によりB種接地の電位が上昇することになり，この低圧電源線を一般

4.3 特定需要家設備の雷被害と対策事例

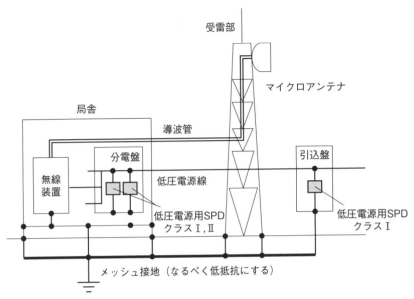

● 図 4.12　無線中継所の対策例　2

需要家設備と共用していた場合には，一般需要家設備の低圧電源線も B 種接地の電位上昇の影響を受け，電気・電子機器が被害を受けることになる[4.1]。やはり接地抵抗の低減が原則ではあるが，**図 4.14** に示すような地中深くに接地電極を設け，落雷時には地中深くに雷電流を流すことで地表面付近にある基地局の接地システムに与える電位の影響を極力低減させる方法も有効である[4.2]。参考として，電極区間（接地極の長さ）を 10 m とした場合，絶縁区間（接地極の埋設深さ）に対する地表面への電位波及率の目安を**図 4.15** に示す。

4章 雷被害と対策事例

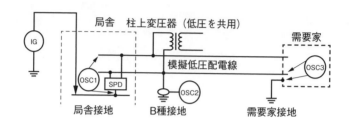

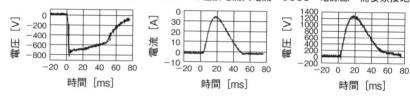

● 図4.13 一般需要家設備への影響(4.2)

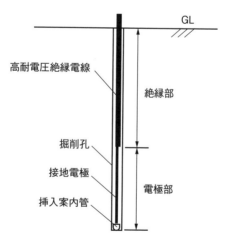

● 図4.14 深埋設絶縁独立接地

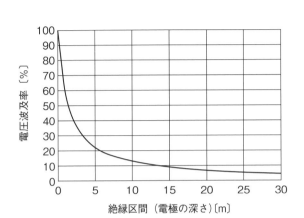

● 図 4.15 深埋設絶縁独立接地の波及率の目安

4.4 その他設備の雷被害と対策事例

(1) 風力発電システム

　近年の風力発電システムは大型化し，風車内で高圧（例えば22 kV）にして変電所に送ることが多くなっているが，内部には低圧で稼働する機器や制御・通信をする機器があるため，これら機器を保護するために対策が必要である。また，ウィンドファームなどでは，各風力発電システムの接地を連接して総合的な定常接地抵抗を低減させている。連接する接地間が非常に長い場合，雷のように非常に速い現象においては誘導性の特性が見られ，早い時間領域では過渡接地インピーダンスが支配することになるため，定常接地抵抗が低くても瞬間的に大きな電圧が発生することが知られている[4.3]。これは，SPDによる対策に関係し，早い時間領域ではSPDの動作頻度に，定常抵抗による電位上昇ではSPDの電流耐量に関わってくる。したがって，比較的小さな落雷電流でも過電圧防止のためにSPDが必要であり，SPDの電流耐量不足による破損を低減するために，風車ごとに接地抵抗の低減を実現することが望ましい。図4.16に定常抵抗が低く，単独で設置されている風力発電システムの過渡接地特性を示す。

　図4.17に示すように，風力発電システムはタワーの上下間の制御線，信号線，低圧電源線の接続部にそれぞれ適切なSPDを設置する必要がある。また，ウィンドファームのように複数の風力発電システム間を通して制御している場合，風車への落雷による電位差によって発生する被害を防止するために，各風力発電システムの接地抵抗の低減やケーブル接続箇所に適

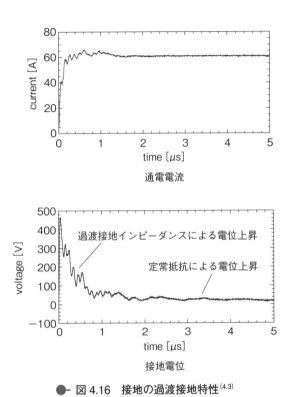

● 図 4.16　接地の過渡接地特性[4.3]

切な SPD を設置することが必要である。等電位化とシステムごとの低接地抵抗化の実現，ならびに低圧電源系統が内部のみの使用を基本とすると，低圧電源系統にはクラス II 試験用 SPD を，各種制御・通信系統については，機器の保有する耐電圧値以下に十分抑制し，回線に適合した SPD（カテゴリ C2/D1）を選定する必要がある。

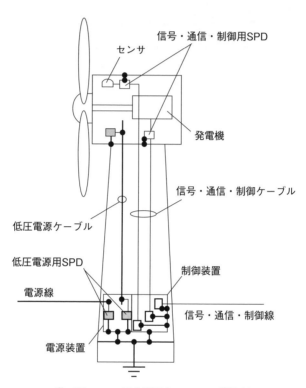

● 図4.17　風力発電システムの対策例

(2) 太陽光発電システム

　被害が多く発生しているPCSや環境計測装置などの電気・電子機器を雷から保護するために，適切な接地システムの構築やSPDの設置が必要となる。太陽光発電システムの雷保護は，一般的な雷保護と同様，等電位ボンディングが基本となる。**図4.18**に示すように，太陽光発電システムを構成する設備，機器の金属筐体を接続し，すべてを裸銅線で地中にて連

4.4 その他設備の雷被害と対策事例

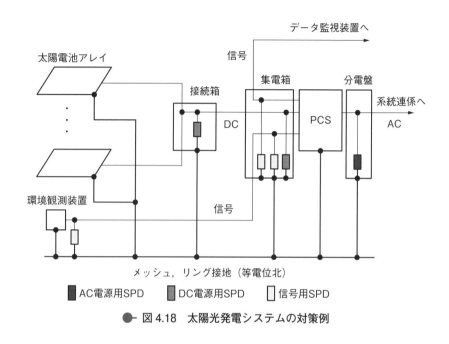

● 図 4.18 太陽光発電システムの対策例

接した上でSPDによる雷対策を施すことが望ましい。**図 4.19** は図 4.18 を例にして太陽光発電システムの架台に落雷があった場合に直流用のSPDを通過する雷電流を2つのモデルについてFDTD法※で検討した結果である。なお検討に用いたSPDは動作電圧をDC1,000 Vとし、通電した雷電流は、保護レベルⅣ相当の10/350 μs, 100 kAとしている。この結果よりSPDを通過する雷電流を比較してみると、メッシュ接地を施したモデルが最も少なくなっている。等電位化されている設備内で使用するSPDはクラスⅡを採用しているのが一般的である。SPDを通過する電流波形を8/20 μsに換算すると約7 kAとなり、このモデルケースにおいては、

4章 雷被害と対策事例

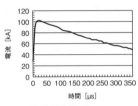

通電電流波形10/350μs

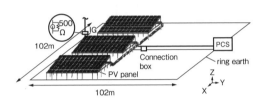 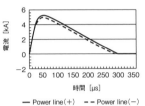

環状接地方式モデルとSPD通過電流波形

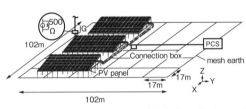 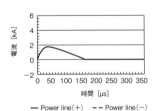

メッシュ接地方式モデルとSPD通過電流波形

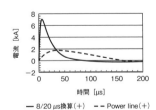

メッシュ接地方式モデルとSPD通過電流波形の換算

● 図4.19　各検討モデルにおける SPD 通過電流波形[4.4]

4.4 その他設備の雷被害と対策事例

I_{max} 10 kA 以上の SPD を設置することが必要であることがわかる[(4.4)]。

※ 数値電磁界解析法の一つ（Finite Difference Time Domain）。

太陽電池アレイからからの直流給電電圧は 500 V〜1,000 V 程度であるため，最大連続使用電圧（U_c）を高く設定した直流用 SPD を設置することが必要である。また，PCS の交流側，各種環境計測装置のセンサと装置の保護として，PCS の交流側には低圧電源用 SPD を，環境計測に関しては RS485 の伝送システムを使用していることが多いことから，制御・信号・通信用 SPD を設置することが必要である。複数の太陽電池アレイを接続して PCS に供給する接続箱の設置場所が太陽電池アレイから離隔されている場合には，太陽電池パネルの損傷につながる場合があるが，太陽電池パネルの保有する耐電圧値と経済性を考慮すると接続箱毎に設置することが望ましい。ここで設置する SPD に要求される性能は，供給電圧や信号に影響を与えないこと，装置のインパルス絶縁耐力値以下に抑制すること，雷電流を安全に流せることに加え，重要なのは，SPD の故障時に速やかかつ確実に電路から切り離せる性能を有していることである。

等電位化が基本であるため，PCS の直流側にはクラスⅡ SPD を設置する。一方 PCS の交流側については B 種接地の状況によるが，ほとんどが別接地になっていることが多いため，直撃雷の分流を考慮してクラスⅠ SPD を設置する。ただし，B 種接地と太陽光発電所の接地の間を接地間用 SPD などで等電位化が可能な場合はクラスⅡ SPD で対応できる場合もある。

各種環境計測機器については，機器の保有する耐電圧値以下に十分抑制し，回線に適合した SPD（カテゴリ C2/D1）を選定する。

(3) 鉄道の信号・通信システム

前述したように，鉄道システムは一部特殊な機能を要求される設備など，様々な設備が存在している。鉄道設備の雷対策は，3章で述べた雷対策の基本と同様であり，基本的な考え方は，

① 等電位化
② 保護協調
③ 絶縁化

である。等電位化については図 4.20 に示すように，雷電流や雷過電圧が侵入時に電位差が発生しないように，外部から接続されるケーブルには保安器を設置し，保安器の接地と機器の接地を接続することで等電位化をする。なお，一部で等電位点を大地接地に接続しない場合がある。保護協調については 3 章でも紹介しているように，侵入する雷過電圧を機器のインパルスに対する絶縁強度以下に抑制できる保安器を選定し設置する。絶縁化については図 4.21 に示すように，外部から接続される電源ケーブルには 3 章でも紹介している耐雷トランスを設置し，静電遮蔽（シールド）の

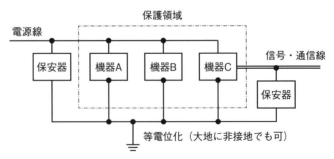

● 図 4.20　等電位化による雷保護

4.4 その他設備の雷被害と対策事例

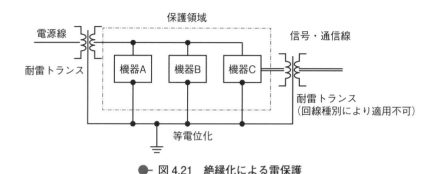

● 図 4.21　絶縁化による雷保護

効果により雷過電圧の侵入を防止し，耐雷トランスの接地と機器の接地を接続することで等電位化をする。

　ここで，鉄道システムの雷対策で重要となるのは，雷対策を施すことによって保護対象とするシステムが本来備えているフェールセーフ性を損なってはならないことである。フェールセーフとは如何なる事故時においても安全サイドに働く機能である。したがって，雷対策用の保安器や絶縁化の不具合などで短絡や地絡が発生しないように保安器の選定，施工することである。

　図 4.22 は 1 章で紹介した障害事例に対する対策例である。

(4) 重要文化財建造物

　重要文化財建造物に対する LPS は文化財保護法が優先されるため，一般建築物に規定される高さ 20 m を超える建築物への LPS の設置義務から除外されることとなる。ただし，LPS を必要としないのではなく，文化財保有者（管理者）が必要に応じて有効な雷対策を講じることが必要であ

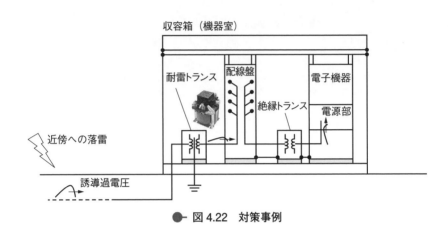

● 図4.22　対策事例

り，県の教育委員会や文化財担当者との協議により美観および効果などを考慮の上，LPSを構築することとなる。また，文化財建築物のLPSを設置する場合，建築構造自体が特殊材料や可燃性屋根材を用いていることが多く，腐食・引火並びに損傷などに十分な注意が必要である。**図4.23** はLPSの対策例である。

　建築物内部の機器については，1章でも紹介したように自火報設備と監視カメラに被害が多く発生している。自火報設備のほとんどが消火設備と連動しており，また，防犯対策として重要文化財を適切かつ確実に維持・管理をしていくためには重要な設備である。**図4.24 (a) (b) (c)** にそれぞれの設備に対する雷対策方法の例を示し，**図4.25** に雷対策実施例を示す。

4.4 その他設備の雷被害と対策事例

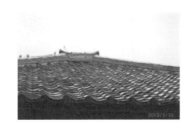

● 図 4.23 LPS の対策事例

(5) 空港施設

空港施設に LPS を設置する場合，航空法に準拠する必要性がある。特に必要なことは，飛行場付近は航空機が頻繁に離発着を繰り返すことから，空港近郊には高さ方向の制限が定められている。これを一般に展囲表面とよばれ，ある位置から侵入角度が決められているため，外部 LPS の受雷部システムもそれに応じた高さを考慮して構築しなくてはならない。**図 4.26** は航空設備に外部 LPS を設置した例である。航空法では，昼夜の高さ識別として超高層建築物など屋上に航空障害灯支持柱の識別塗装の他，

4章 雷被害と対策事例

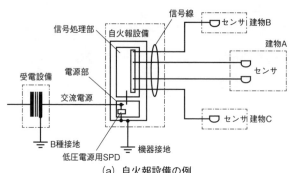

(a) 自火報設備の例

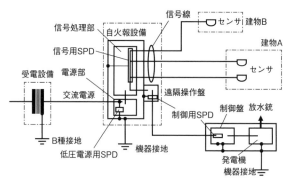

(b) 消火設備の例

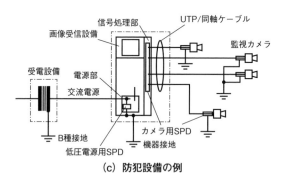

(c) 防犯設備の例

● 図 4.24 各種設備の対策例

4.4 その他設備の雷被害と対策事例

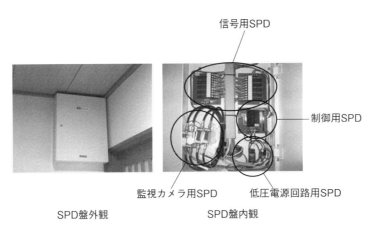

SPD盤外観　　　　　SPD盤内観
● 図 4.25　建築物内部機器の対策事例[(4.5)]

● 図 4.26　空港設備の雷保護対策[(4.6)]

建築物の高さ標示灯（障害灯）の設置を建築物の大きさ，高さなどに応じて規定している。また，60 m を超える建築物には，ヘリコプターの緊急退避場の設置を義務付けている。したがって，詳細については航空法を参

照の上，外部 LPS を構築することをお願いしたい。なお最新の航空法は，平成 15 年 12 月 25 日に改正している。

　空港設備の電気・電子機器の雷保護の考え方に関しては，基本的には一般需要家設備もしくは特定需要家設備の雷対策と同様である。ただし，滑走路，誘導路下に埋設されている航空灯火用ケーブル類の保護に関しては，国内規定「航空灯火電気施設工事共通仕様書」などを参照の上，雷対策を施すことをお願いしたい。

5章
雷保護対策上の留意点

5章 雷保護対策上の留意点

　雷保護対策を施す上で，留意する点はいくつかある。今まで述べてきたように，雷保護対策の基本として押さえる項目としては，
- LPSの設置
- SPDの設置
- 接地システム
- 等電位化
- 保護協調

である。LPSについては建築基準法や消防法，火薬類取締法，JISなどで法規や規格が整理されており，留意する点は少ないように思う。一方，SPDの分野はどうかというと，SPDの機能や試験方法など，今まではっきりしていなかったのが現実であり，メーカーごとに独自に対応していた。近年，JIS Z 9290-4:2009やJIS C 5381シリーズが制定され，最低限SPDに要求される機能や試験方法が整理されてきている。しかし，設置や施工の面では現場ごとの対応とならざるを得ないため，とりあえず設置しておけばよい，とりあえず接続されていればよいといった考えも否めないのが現実である。やはり雷保護対策にはLPSにしてもSPDにしても接地（接地線を含む）が重要な役目を果たすことになる。ここでは接地に関する基本特性と，SPDの効果を左右する接地線の敷設方法について紹介する。

5.1 接地の基本

5.1.1 建築物などの雷保護に関連した接地システム

　LPSに用いる接地システムは，接地抵抗より形状が優先である。当然の事ではあるが、低抵抗（10Ω以下）の接地極は有効であることは間違いない。雷保護システム用の接地システムでは，落雷を受けた場合に建物の外周に同形状の接地極を同一の大地抵抗率の土壌に施設した場合，個々に施設している接地極もほぼ同一の接地電位となる。結果として落雷を受けた際，雷電流が均等に放出され，建物付近の電位上昇も等価なものとすることを目的としている。

　JISA 4201:2003では，施設する接地形状をA型接地極，B型接地極及び、建築物の基礎内の鉄筋を接地極とする"構造体利用"接地極から選択することとしている。

　有効性面では，構造体の鉄筋・鉄骨を積極的に用いるLPSや市街地のビル密集地域では，構造体基礎の鉄筋を利用する接地工法が低抵抗を確保でき，かつ経年的に安定している。各接地極の形状など詳細についてはJIS A 4201:2003を参照願いたい。

5.1.2 内部の電気・電子機器の雷保護に関連した接地システム

(1) SPDの接地

　内部の電気・電子機器の雷保護のためにSPDを設置し，等電位化を図

5章　雷保護対策上の留意点

ることが重要であることは前述した．以前までは，それぞれの用途に応じて個別の接地を施していることがあった．例えば**図 5.1**のようにSPD（GDTのみの回路）用の接地と機器の接地を別々にしている場合で，SPDが動作したときのSPDの接地抵抗 R_1 が 0 Ω の場合には，**図 5.2(a)**に示すように，機器にはSPDの電圧防護レベル以上の電圧は印加されない．しかしながら現実的には接地抵抗が 0 Ω ということはありえず，有限となるために，**図 5.2(b)**に示すように，SPDが動作したときにSPD用の接地に流入する電流 I と接地抵抗 R_1 の積に相当する電圧 V が発生し，機器に印加されることになる[(5.1)]．当然のことながらこの電圧が機器の絶縁耐力を超えると機器は被害を受けることになる．したがって，接地抵抗が有限であることを踏まえると，SPD用の接地と機器の接地は等電位化することで被害を防止できることになる．

　ここで，等電位化していれば接地抵抗は高くても機器を保護することができるのではないかという声が聞こえてくる．基本的にはそうであるが，**図 5.3**に示すように雷電流流入時の電位上昇が大きくなり，それによってSPDの動作頻度も高まることになる．これはSPDの劣化（破壊）促進につながることになり，万が一劣化（破壊）を見逃し，運悪く落雷を受けた場合にはSPDもさることながら守るべき機器までも被害を受けかねないのである．したがって，接地抵抗はなるべく低くしておいたほうがよいのである．

　また，SPDの性能を左右するのが接地線の敷設方法と，これに付随した引込み方法である．例えば**図 5.4**に示すように，建物に対向してケーブルが引き込まれている場合，それぞれSPDで対策しようとすると一方のSPDの接地線が長くなる．したがって接地線を最短で敷設するには，**図 5.5**に示すように，なるべく建物に対して同一方向から引き込むことが重

5.1 接地の基本

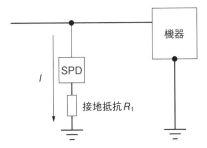

● 図 5.1　SPD と機器の接地が個別の場合

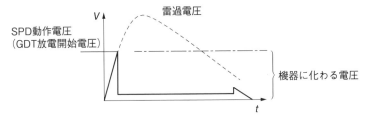

● 図 5.2(a)　接地抵抗 R_1 が 0 Ω の場合

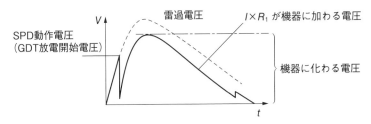

● 図 5.2(b)　接地抵抗 R_1 が有限の場合

5章　雷保護対策上の留意点

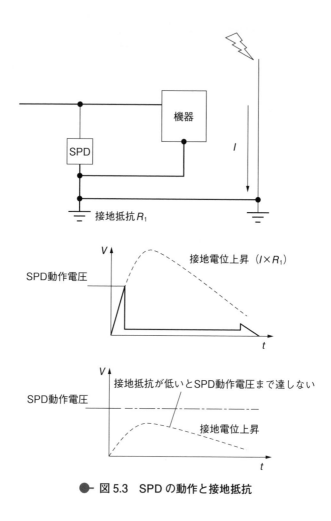

● 図 5.3　SPD の動作と接地抵抗

要となる。接地線の敷設方法の違いによる SPD の効果については後述する。

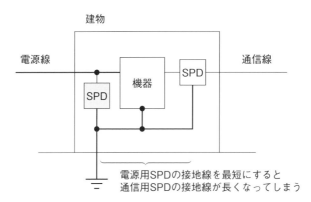

● 図 5.4　建物に対向してケーブルが引き込まれている場合の SPD の接地線敷設

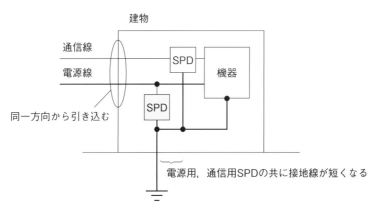

● 図 5.5　同一方向からケーブルが引き込まれている場合の SPD の接地線敷設

(1) 過渡接地特性と大電流特性

　雷に対する接地を考えた場合，接地の過渡的特性と大電流特性を考える必要がある。雷のように波頭部分に高周波を含む場合，この波頭部での接

5章 雷保護対策上の留意点

地抵抗の変化が非常に大きくなる。また，接地極に大電流が流入すると土中放電が発生し，等価的に接地抵抗が低減するといわれている。

a. 過渡接地特性

通常，接地抵抗と呼ばれているのは商用周波数帯域付近の値であり，定常接地抵抗という。では，雷ではどうかというと，前述した雷の姿形でもわかるように波頭部で高周波を含んでいるため，波頭部での接地抵抗の変化が非常に大きい。これを過渡接地インピーダンスと呼んでおり，重要な要素でもある。図5.6は接地電極を埋設地線とした場合に，非常に急峻な波頭（50 ns）である雷電流を通電したときの接地抵抗の時間的変化を示したものである[5.2]。図からわかるように，接地抵抗は早い時間領域では定常抵抗よりも高く，時間が経過するに従い定常抵抗に収束していることがわかる。ここでは埋設地線の結果を示したが，他の形状（例えばリング接地やメッシュ接地，深埋設接地，またはこれらの組み合わせ）でも同様の傾向を示していることもわかっている[5.2]。

したがって，接地抵抗（定常抵抗）が非常に低いからといって対策しなくても大丈夫かというとそうではなく，時間領域の早いところで過電圧が発生することがあるため，たとえ非常に低い接地抵抗の設備であってもSPDによる対策を施しておいたほうがより安全である。

b. 大電流特性

接地極に大電流が流入すると土中放電が発生し，見かけ上の接地極が大きくなることで接地抵抗が低減するといわれている。接地抵抗が低減することは電位上昇を抑制するため有効的ではないかと思う人が多いのではないか。しかしながら，その低減効果は接地極の形状や大きさ，大地の構造

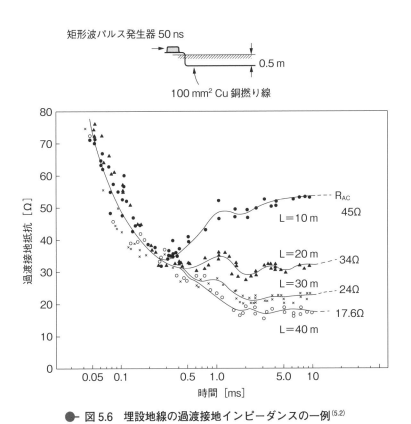

● 図5.6 埋設地線の過渡接地インピーダンスの一例[(5.2)]

など様々な条件によって異なり，一律何％というわけにはいかない。また，図5.7に示すように，定常抵抗が低いほど低減効果が見込めないという結果も報告されている[(5.3)]。したがって，通常の接地工事にあたっては大電流特性がないものと割り切り，定常抵抗が所定の値になるようにすることが重要である。

5章 雷保護対策上の留意点

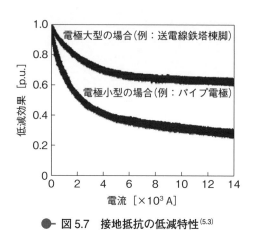

● 図5.7　接地抵抗の低減特性[5.3]

(2) 電位傾度

接地極に雷電流が流入すると接地の電位は上昇することは先に述べたとおりである。では接地極の周辺の電位はどうなっているかというと，接地極から離れるにしたがって地表面の電位は減少する。雷による被害のほとんどがこの電位傾度による電位差で発生しているといっても過言ではない。図5.8 はわかりやすいように棒状電極（14ϕ, 1.5 m）を1本打設し，これに雷電流を通電したときの周辺の地表面電位を測定したものである[5.1]。接地極から少し離れただけで急激に電位が低下していることがわかる。この傾向は接地極の等価半径や大地抵抗率によって異なり，図5.9 は接地極の規模による違いを示したもので，接地極が大きくなると周辺の地表面の電位は緩やかに低減していくことがわかる。逆にいうと接地極が大きい設備の周辺に別の設備がある場合には，その電位の影響を受けやすいということになる。

5.1 接地の基本

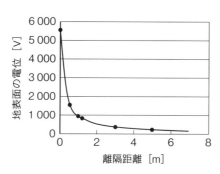

● 図5.8 棒状電極の地表面電位[(5.1)]

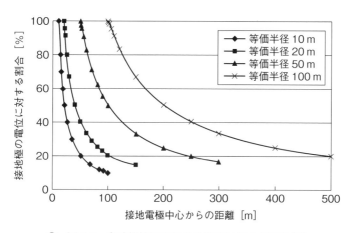

● 図5.9 半球状接地電極の半径違いによる電位[(5.1)]

5.2 SPDの効果を左右する接地線の敷設方法

5.2.1 SPDの接地線の長さと断面積

　最適な雷保護を実現するために，SPDに接続する導体はできるだけ短くすること（接続導体の総亘長で 0.5 m 以下が望ましい）が望ましいとされているが，4章でも触れたように，新設の場合はあらかじめ考慮した設計が可能であるが，既設の設備に対しては必ずしも実現できない。そこで，4章で示した方法の他に図 5.10 に示すような方法もある。あらかじめ設置する SPD の接地端子に接地バーを追加設置し，これに機器の接地線を

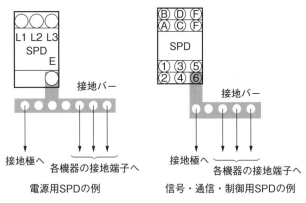

●─ 図 5.10　SPD に接地バー導入例

5.2 SPDの効果を左右する接地線の敷設方法

接続することで余計な配線をなくすものであり，SPDメーカーに依頼することで実現できる方法である。

低圧電源用SPDに接続する接地線（バー）の断面積は，SPDのクラスによって異なるが，クラスⅡSPDであれば5.5 mm²以上あれば十分である。クラスⅠSPDについては直撃雷の分流分が流れることが予想されるため，8 mm²以上（～14 mm²程度）のものが望ましい。

実験でも8 mm²の接地線に10/350 µs 50 kA通電しても溶断などの損傷は認められていないことがわかっている。

信号・通信・制御回路用SPDに接続する接地線の断面積は，カテゴリD1/C2ともに3.5 mm²以上あれば十分である。回線数や設置環境によっては図5.11に示すように各SPDの接地線は2 mm²として，メインとなる接地線を5.5 mm²～8 mm²程度とすることも可能である。

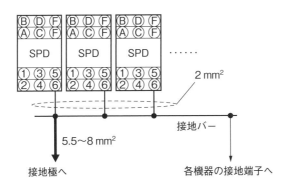

● 図5.11　信号・通信・制御用SPDの接地線敷設例

5.2.2 接地線敷設方法の違いによる SPD の効果

雷害対策を構築する上で，接地線の敷設方法が重要なポイントとなる[5.4]。一般に保護したい機器類と比較して SPD は安価ではあるが，せっかく費用をかけて対策を施したのにもかかわらず，機器が壊れてしまったという経験はおありのことと思う。現場に行くと SPD の接地線が長く配線されている場面によく出くわす。前述したように，ケーブルなどの引込みは同一方向にすることで，設置する各 SPD の接地線は短くできる。しかし，その方法が間違っているとせっかく設置した SPD の効果がなくなってしまうことになりかねないのである。以下にその効果の違いについて紹介する。

図 5.12 はよくあるパターンで，接地線を機器の接地端子から接地極に

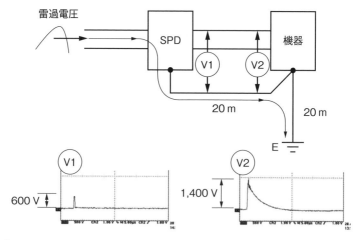

● 図 5.12 好ましくない SPD の接地線敷設（SPD の接地線が長い）[5.4]

接続し，機器の接地端子からSPDの接地端子に接続している場合である。SPD効果によりSPD出力側の電圧は抑制されているが，機器入力側の電圧はSPDで抑制された電圧よりもはるかに大きい電圧となっている。これはSPDが動作したときにSPDの接地端子と機器の接地端子間を接続している接地線に雷電流が流れ，この接地線のインダクタンスによる電圧降下分が本来のSPDの抑制した電圧に上乗せされたからである。このような配線をしてしまうとせっかくSPDを設置しても無駄に終わる。よく回路設計図面で，この図のような配線が描かれていると，施工者はこの図に沿って忠実に配線してしまうことがあるのではなかろうか。

一方，**図5.13**は接地線をSPDの接地端子から接地極に接続し，SPDの接地端子から機器の接地端子に接続している場合である。SPD効果に

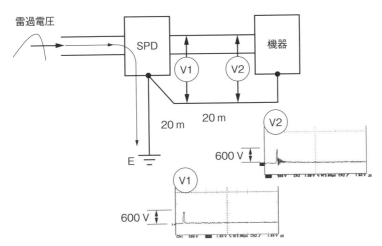

● **図5.13　好ましいSPDの接地線敷設**[5.4]

5章 雷保護対策上の留意点

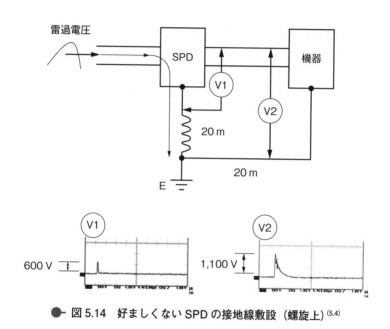

● 図5.14 好ましくないSPDの接地線敷設（螺旋上）[5.4]

よりSPD出力側の電圧は抑制されており，機器入力側の電圧もSPDで抑制された電圧と同じになっている。この場合，SPDが動作したときの雷電流はSPDの接地端子から直接接地極に流れるルートとなるため，SPDの接地端子から接地極間の接地線の長さは多少長くても影響が出ないことになる。できれば回路設計図面はこの図のような配線で描かれたほうが親切である。

　図5.14も現場でよく見かける状況であり，接地線をSPDの接地端子から接地極に接続し，SPDの接地端子から機器の接地端子に接続している。少し長かったが切って短くせず，丸めておくというパターンである。この場合，SPDが動作したときの雷電流はSPDの接地端子から直接接地極に

5.2 SPDの効果を左右する接地線の敷設方法

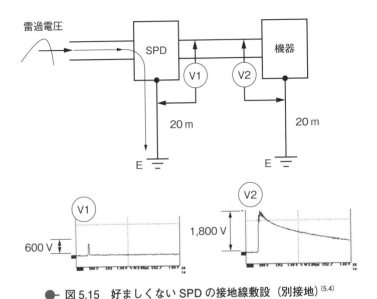

● 図5.15　好ましくないSPDの接地線敷設（別接地）(5.4)

流れるルートとなるが，丸めておいた接地線がインダクタンスとなり，この電圧降下分が本来のSPDの抑制した電圧に上乗せされている。これもせっかくSPDを設置しても無駄となってしまう。

最後に，SPDの接地と機器の接地を別にした場合を図5.15に示す。これは最もやってはいけないパターンであり，SPDが動作した時にSPDの接地に雷電流が流入し，その電位上昇の影響をもろに受ける。したがって，接地線をSPDの接地端子から接地極に接続し，SPDの接地端子から機器の接地端子に接続するように施工することが重要である。

6章
保守点検および落雷情報配信

6章　保守点検および落雷情報配信

　雷対策を施してしまうとそのままにされがちなことが多く見受けられる。何か被害が発生してから初めて点検することもままある。やはり対策の効果を維持するためにも定期的に保守・点検が必要である。

　SPDは基本的に物を言わないため，近年では落雷の予測や落雷位置の標定技術が進んできている。例えば風力発電システムなどでは事故拡大の防止策として，落雷予測情報により事前に風車を停止させるなどの対策が検討されている。また，落雷位置標定情報により落雷場所を確認することで臨時点検の必要性などの判断材料になることが期待できる。

6.1 受雷部システム

雷保護システムは建築物などを雷撃から保護することを主目的としており，特に受雷部システムは雷撃を直接受け止めるものである。雷保護システムを構成する部材の一部は被保護物の外部に設置されており，環境条件によっては腐食が進行し，予期しない外力によって損傷する危険性がある。

雷保護システムに関しては，関連規格や法令が整備されており，建築基準法施行令においても規定されている。また，建設省告示においても建築基準法施行令の規定に基づき，避雷設備の構造方法は日本工業規格JIS A 4201に適合することと規定している。JIS A 4201は準法規的な規格として位置付けられ，この規格に定める「検査および保守」を順守して機能を維持しなければならない。

雷保護システムの信頼性を維持するには，定期的に検査を実施することが基本である。雷保護システムが設計どおりの機能を果たし，維持するためには工事完成後の検査のみならず，運用中においても適切な検査と保守点検が要求される。そのためには，システムの断線や腐食，溶融，接続不良，接地抵抗の変化などを定期的に確認することが必要となる。定期検査の頻度は建築物所有者および雷保護システム管理者が建築物の重要度に応じて協議して決定する。一般的には年1回以上の点検を実施することが望ましいとされているが，冬季雷地域や沿岸部などの厳しい環境にある地域では半年に1回の点検を実施することが望ましい[6.1]。なお，保守点検結果は記録，保管しておくことが重要である。

6.2 接地抵抗の測定

　LPS や SPD が有効に機能する上で，接地抵抗が正常に維持されていることが重要である。3章に LPS と SPD の接地システムは等電位化することが雷保護対策には有効であることを述べてきた。建築物等の規模は大小様々であり，ゆえに様々な規模，形状の接地システムについて測定をしなければならないことになる。接地抵抗の測定には，通常の電気抵抗の測定には見られない独特の性格がある。したがって，この特殊性を正しく理解していないと，たとえ高価かつ高精度の測定器を使用しても誤差が大きい測定をすることになり，結果正しい評価ができなくなる。つまり，どのような測定器を使用すればよいのかということになる。接地抵抗の測定器と測定方法は**表6.1**に示すように概略4つに分けられる。

6.2.1　一般建築物

　表6.1中で，最も広く採用されているのが JIS C 1304 にも記載されている接地抵抗計 Type：3235 を用いた電位（電圧）降下法である。これにはリード線（測定線）として，緑色リード線（E　接地システム測定用）：5 m，黄色リード線（P　電圧補助極用）：10 m，赤色リード線（C　電流補助極用）：20 m が添付されており，**図6.1**のようにPとCに接続されるリード線を同一方向に敷設して測定している。

　ここで，注意してほしいのが測定配置である。例えば**図6.2**に示すような建物の周囲に環状（リング）接地極を施している建築物があるとする。

6.2 接地抵抗の測定

● 表 6.1 接地抵抗計の種類と測定方法の概略

測定器	測定方法の概略	測定器の外観
接地抵抗計 Type 3235	通電電流最大 20 mA，周波数 500 Hz 検流計指示による電位差方式 測定目盛りは対数表示で，1～1,000 Ω 低接地抵抗を測定する場合は要注意 測定電源は乾電池内蔵	
大地比抵抗計 Type 3244	大地抵抗率を測定するために開発された測定器を接地抵抗計として使用 検流計指示による電位差方式 測定範囲は切替方式で，0.01～300 Ω 測定電源は DC 12 V（バッテリーなどを使用） ※現在は製造中止	
電圧降下法	発変電所の接地抵抗を測定する一般的な方法 商用周波数の電流 20 A～150 A を段階的に変化させて通電して測定 測定接地極の電位上昇を電圧計で測定し，接地抵抗を求める 測定電源は AC 200 V（発動式発電機などを使用）	―
異周波測定計	異なる周波数を使用する測定法 通電電流を 45 Hz，55 Hz，65 Hz の 3 段階に変化させ，1 A，2 A の定電流で測定 電気所等商用周波数の迷走電流が発生している場所でも測定可能 測定電源は AC 100 V（発動式発電機などを使用）	

6章 保守点検および落雷情報配信

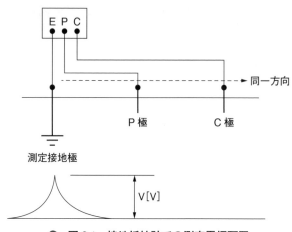

● 図 6.1 接地抵抗計での測定電極配置

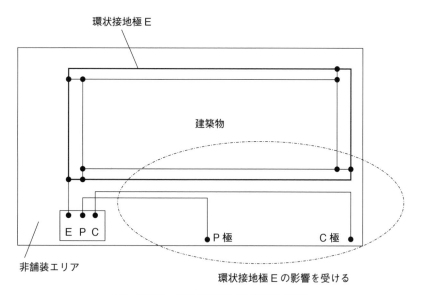

● 図 6.2 接地極近傍での測定と影響

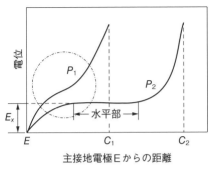

● 図 6.3　電位分布

この接地抵抗を測定しようとしたところ，建物近傍にしか土の露出スペースがなかったため，そのスペースで接地抵抗を測定したとすると，電圧補助極 P（以下 P 極），電流補助極 C（以下 C 極）に環状（リング）接地極 E の影響が波及することになる。そのため，測定に大きな誤差が生じることになってしまう。図 6.3 は電位分布を示したものである。ここでは，測定対象の接地システム E と C 極との間に存在する水平部分（E，C 極双方の影響がない部分）に P 極を配置することを示している。図 6.2 に示した方法では，当然接地システム E の影響が P 極と C 極双方に波及してしまうことになる。したがって，接地システム E に対し C 極の位置を離せば離すほどこの水平部の確保がしやすくなることになる。

では，既設の建物で接地システムを少ない誤差で測定することが可能なのか。市街地などではとうてい C 極と P 極を離れた場所に配置することは不可能である。既存設備の場合には限られた敷地内で最大限離隔できる位置に C 極と P 極を配置し，その値が変化したか否かの判断にならざるを得ない。新設設備の場合も同様ではあるが，工事期間中に表 6.1 に示す

6章 保守点検および落雷情報配信

方法のいずれかで誤差の少ない測定を行い，以降既設設備と同様に限られた敷地内で最大限離隔できる位置にC極，P極を配置し，その値が変化したか否かで保守を行なうことになる。なお，保守点検結果は記録，保管しておくことが重要である。

6.2.2 電気所などでの測定

　変電所などの電気所では交流の迷走電流が存在する場合があり，Type：3235や3244のような小さい電流では，迷走電流の影響により測定できないことがある。この場合は比較的大電流（想定される迷走電流よりも大きい電流）を流して測定する電圧降下法を用いることが望ましい。この方法はかなり大掛かりな設備を使用した測定となるが，発変電規程（JEAC 5001）にも記載されており，この方法ではC極とP極は180°が望ましいとしており，少なくとも90°以上とする必要がある。詳しくは発変電規程（JEAC 5001）を参考にしていただきたい。また，近年では大掛かりな設備を使用しなくても測定が可能な技術として，表6.1に示すような異周波測定装置という測定器が開発されており，測定電流の周波数をずらすことで大電流を流すことなく，設備も非常に小さくすることが可能となった。なお，保守点検結果は一般建築物同様，記録，保管しておくことが重要である。

　接地システムは地中に存在し，土壌の状況も地域によって多種多様であることと，測定においても独特な性格があることから，不明な点があるときには雷対策メーカーに問い合わせることをお勧めする。

6.3 SPD

　SPDの検査および保守点検については，SPDの電気的特性や動作原理を理解しておく必要がある。これらについては前述した内容を十分理解しておく必要がある。また，低圧電源回路用SPDと制御・信号・通信回路用SPDでは，回路電圧や電流，回路構成などで大きな違いがある。これらの相違点を考慮して検査および保守点検を行なう必要がある。

6.3.1　SPDの動作の特徴

　そもそもSPDは低圧電源回路用や制御・信号・通信回路用にかかわらず建築物内の電気・電子機器を雷に起因する雷過電圧から保護するものである。平常時には電力の輸送や信号・情報の伝送の妨げになってはならないのが原則であり，したがってSPDは，常時は大地に対して高インピーダンスの状態にあり，電源電圧や信号電圧では絶縁されていることになる。一方，SPDが動作するような雷過電圧が侵入したときには大地に対して低インピーダンスとなり，異常電圧を所定の値以下に抑制するとともに雷電流を安全に大地に流す役割を有している。この動作については雷の大きさや過電圧の大きさ，継続時間などの条件が関わってくる。また，雷の発生頻度も前述したIKLマップや落雷観測システムでも明らかなように，地域差が大きくなっている。このため，SPDの寿命年数を明確に規定することができないのが現状である。したがって，定期的な検査および保守点検が非常に重要な要素となっている。

6.3.2 SPD の検査および保守点検

SPD の検査および保守点検を実施する目的は，施工時に SPD が正常な状態で設置されていることを確認し，以降 SPD の性能の維持を図るために不良箇所を早期に発見し，雷被害の発生を未然に防止することである。

SPD の信頼性を維持するには，雷保護システム同様，定期的に検査を実施することが基本である。SPD が設計どおりの機能を果たし，また維持するためには施工完成後の検査のみならず，運用中においても適切な検査と保守点検が要求される。そのためには，SPD の破損や変形，性能劣化，配線接続不良などを定期的に確認することが必要となる。保守点検の目安を **表 6.2** に示す[6.1]。なお，保守点検結果は記録，保管しておくことが重要である。

点検の種類に対し，目視点検の他に測定器を使用して電気的性能を検査する点検もある。特に電気的性能を検査するうえで，SPD メーカーが提供している測定器を使用して測定しなければならない項目がある。この測定器については 6.4 項で紹介する。

● 表 6.2 保守点検の種類と点検周期の目安

点検の種類	概　　要	点検周期
日常巡視点検	設置，使用状態で外部から異常の有無を目視点検	1 回/1ヶ月
定期点検	日常巡視点検項目に加え SPD 本体の電気的性能を検査	1 回/6ヶ月〜1 年
臨時点検	設備等に異常が発生した場合に上記 2 項を実施	随時

●─ 表6.3 点検の種類に対する検査区分

点検の種類	検査区分	
	目視検査	測定検査
日常巡視点検	○	―
定期点検	○	○
臨時点検	○	○

　また，制御・信号・通信回路用SPDのようにSPDメーカーが提供している測定器を使用しても，SPDの回路構成上すべての保護素子を測定することが不可能なものも存在する。この場合は当該SPDを交換用として在庫してあるSPDと一時的に交換しておき，当該SPDの良否判定をメーカーに依頼する方法もある。**表6.3**に点検の種類に対する検査区分を示す[(6.1)]。

6.3.3　検査および保守点検の例

(1) 安全性の確認

(a) 低圧電源回路用SPD

　低圧電源回路用SPDの検査および保守点検時に，いきなりSPDに触れると端子などにも触れる可能性があり，感電する恐れがある。必ずSPDに対して無電圧になるようにSPDの前段にある遮断器などを開放するようにする。近年では**図6.4**に示すようにプラグイン化※されたSPDもあり，その場合はSPDをソケットから取り外して点検する。通常，現場で対応

電源用SPDの例

信号・通信・制御用SPDの例

● 図6.4 プラグイン SPD の例

可能な点検としては目視による異常の有無と，SPD を無電圧状態またはソケットから取り外した状態で SPD メーカーが提供している測定器を使用して測定する。

※ 保護素子が実装されているプラグ部と接続端子が取り付けられているソケット部で構成されている SPD で，使用時はプラグ部とソケット部が装着されている。点検時や損傷時にはプラグ部とソケット部が取り外せるような構造。

(b) 制御・信号・通信回路用 SPD

6.3 SPD

　制御・信号・通信回路用SPDは，一般的に扱っている電圧が低いため，感電する危険性は少ないが，重要な情報を伝送している場合もあるため，情報伝送に影響を与えないように配慮が必要である。通常，現場で対応可能な点検としては目視による異常の有無と，SPDをソケットから取り外した状態でSPDメーカーが提供している測定器を使用して測定することが可能であるが，SPDの回路構成上すべての保護素子を測定することが不可能なものも存在するため，SPDメーカーと打ち合わせて実施することが望ましい。制御・信号・通信回路用SPDで，SPDをソケットから取り外せないタイプのものが設置されている場合，伝送停止が可能な場合はSPDへの配線を一旦外し，SPD単独にして測定する。ただし，伝送停止が不可能な場合は設備メーカー，SPDメーカーと十分打合せをしたうえで実施するようにする。

(2) 検査および保守点検事項の一例

(a) 低圧電源回路用SPD

　実際の検査および保守点検の実施事項については，検査および保守点検の担当者が設備の所有者やメーカーやSPDメーカーなどと相談のうえ保守点検シートを作成し，検査および保守点検を実施する。現場で実施できる測定としては，絶縁抵抗測定とSPDメーカーが提供している測定器を使用した電圧測定が挙げられる。例えば低圧電源回路用SPDに関しては，大別すると2種類のギャップ方式と金属酸化亜鉛バリスタ方式に分類される。そのうちギャップ方式の場合は絶縁抵抗測定とSPDメーカーが提供している測定器を使用した直流放電開始電圧測定の測定が可能である。一方，金属酸化亜鉛バリスタ方式の場合には絶縁抵抗の測定による判別が難しいため，SPDメーカーが提供している測定器を使用した直流動作電圧

6章 保守点検および落雷情報配信

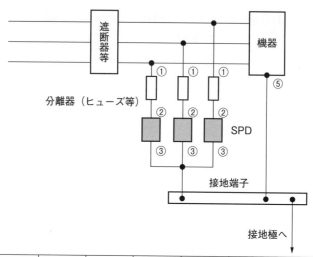

● 図6.5 SPDの点検例

測定（1 mA 通電時の動作電圧）の測定のみとなる。測定方法の一例を**図6.5**に，SPDのメーカーから提供されている仕様の一例を**表6.4**に示す[(6.2)]。ここで注意してほしいのは，現場で実施できる測定としては，絶縁抵抗測定とSPDメーカーが提供している測定器を使用した電圧測定の判断値が

164

● 表 6.4 電源回路用 SPD の電気的特性例

項目＼製品	A	B	C
保護方式	ギャップ式	酸化亜鉛バリスタ式	ギャップ式
クラス	I	II	I
定格電圧 U_N	AC 240 V	AC 230 V	AC 240 V
最大連続使用電圧 U_C	AC 350 V	AC 280 V	AC 350 V
インパルス電流 I_{imp} (10/350)	25 kA	—	25 kA
最大放電電流 I_{max} (8/20)	—	40 kA	—
電圧防護レベル U_P	1.5 kV 以下	1.4 kV 以下	1.5 kV 以下

記載されていないことがほとんどである。したがって，検査および保守点検の担当者は，個別に絶縁抵抗測定と直流放電開始電圧，直流動作電圧測定（1 mA 通電時の動作電圧）の許容範囲値を入手しておく必要がある。

(b) 制御・信号・通信回路用 SPD

低圧電源回路用 SPD 同様，実際の検査および保守点検の実施事項については，検査および保守点検の担当者が設備の所有者やメーカー，SPD メーカーなどと相談のうえ保守点検シートを作成し，検査および保守点検を実施する。現場で実施できる測定としては，絶縁抵抗測定と SPD メーカーが提供している測定器を使用した電圧測定が挙げられるが，2 ポートの SPD がほとんどであり，回路構成によっては良否の判定が困難な場合

6章 保守点検および落雷情報配信

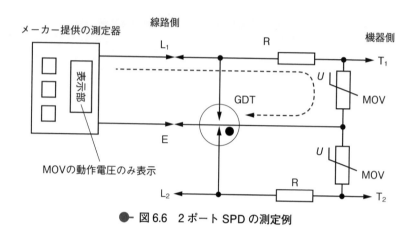

● 図6.6 2ポートSPDの測定例

がある。例えば図6.6に示すような回路構成のSPDをSPDメーカーが提供している測定器を使用して測定した場合，回路後段に実装されている半導体保護素子の方が前段に実装されているGDTよりも動作が速いため，半導体保護素子の動作電圧のみが測定できることになる。一般的にGDTよりも半導体保護素子のほうが弱いことから1次判断としては有効である。ここで，SPDのメーカーから提供されている仕様の一例を表6.5に示す。この場合もSPDメーカーが提供している測定器を使用した電圧測定の判断値が記載されていないことがほとんどである。したがって，検査および保守点検の担当者は，個別に半導体保護素子などの仕様と許容範囲値を入手しておく必要がある。

以上，SPDの検査および保守点検について述べたが，これらをフローチャートにまとめると図6.7のように示すことができる[6.1]。いずれにし

6.3 SPD

● 表6.5 信号・通信・制御回路用 SPD の電気的特性例

項目		製品	A	B	C
用途			一般電話回線	信号回線	接点・制御回線
定格電圧			DC 170 V	DC 12 V	DC 48 V
最大連続使用電圧 U_C			DC 180 V	DC 13.5 V	DC 60 V
定格電流			DC/AC 130 mA	DC/AC 200 mA	DC/AC 2 A
伝送周波数帯域			DC〜10 MHz	DC〜5 MHz	DC〜5 MHz
挿入損失			1.5 dB 以下	1.0 dB 以下	1.0 dB 以下
直流抵抗			4〜13 Ω以下(1線)	4.7 Ω±10%(1線)	0.1 Ω以下
直流動作電圧 直流放電開始電圧		線間	DC 184〜320 V	DC 19 V±10%	DC 82 V±10%
		接地間	DC 230 V±20%	DC 19 V±10 %	DC 82 V±10%
電圧防護レベル U_P		線間	360 V 以下	75 V 以下	240 V 以下
		接地間	400 V 以下	80 V 以下	300 V 以下
インパルス耐久性	カテゴリ C2	線間	8/20 4 kA		
		接地間	8/20 10 kA		
	カテゴリ D1	接地間	10/350 5 kA	10/350 2.5 kA	10/350 1 kA
インパルス制限電圧		線間	350 V 以下	55 V 以下	200 V 以下
		接地間	350 V 以下	55 V 以下	200 V 以下

6章 保守点検および落雷情報配信

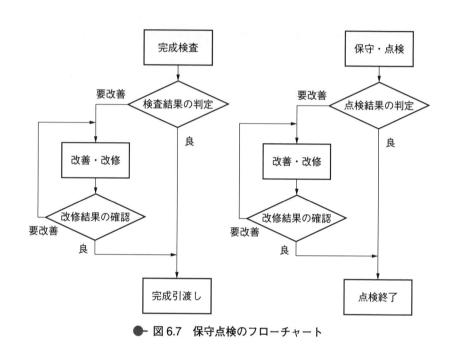

● 図 6.7 保守点検のフローチャート

ても定期的に実施しなければ効果が薄れてしまう可能性があるため，是非定期的に実施していただきたい。

6.4 その他の保守点検装置

保守点検に際し,SPD の電気的性能を測定する装置と,構築した雷保護対策が本当に正しかったのか,また,効果があったのかを確認する方法として,雷が侵入または流出したかを判断する装置がある。以下にその装置類を紹介する。

(1) アレスタ(バリスタ)チェッカー

前述したとおり,GDT に代表されるギャップ方式の保護素子の直流放電開始電圧と MOV(バリスタ)の動作電圧が測定できるもので,各 SPD メーカーから提供されている。その一例を図 6.8 に示す。MODE はアレスタとバリスタいずれかが選択でき,GDT を測定する場合は MODE を ARRESTER に,MOV を測定する場合は MODE を VARISTOR に切り替えて START ボタンを押すことによって測定を開始する。MODE を

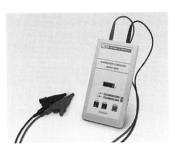

● 図 6.8 アレスタ(バリスタ)チェッカー

ARRESTER にした場合，1秒間に 100 V 上昇する直流電圧が印加され，放電したときのピーク値を表示する。また，MODE を VARISTOR にした場合，直流 1 mA が通電され，そのときの動作電圧のピーク値を表示するものである。電源には単3アルカリ乾電池4本，または AC アダプタを使用することができるようになっている。

(2) 雷電流計測装置

(a) サージカウンタ

SPD の接地線を CT に貫通して設置し，SPD が動作したときの電流をある閾値以上で検出し，検出ごとにカウントアップして表示するものである。その一例を図 6.9(a) に示す。電源にはリチウム電池 3 V が本体表示部に実装されている。また，CT を使用せずに検出できる方式も開発されており，CT に貫通させることが不可能で，なおかつ雷電流が流れる部位の測定に役立っている。その一例を図 6.9(b) に示す。

(b) 落雷電流表示装置

LPS の受雷部または引下げ導線および鋼材，また，鉄塔の塔脚や風力発電システムのタワーに流れる雷電流をロゴウスキーコイルで検出し，表示部に LCD で表示することができる。その一例を図 6.10 に示す。表示項

●─ 図 6.9(a)　サージカウンタ（CT 形）

6.4 その他の保守点検装置

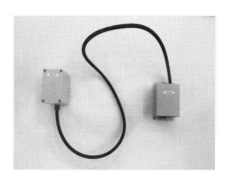

● 図6.9(b)　サージカウンタ（アンテナ形）

目は，「検出年月日時分秒」，「雷電流波高値」，「極性」で，最大40件までメモリーが可能である。時間表示にはGPSを使用している。電源にはリチウム電池3.6 Vが2本，本体表示部に実装されている。また，図6.10に示す落雷電流表示装置に機能を追加し，図6.11に示すような落雷電流の波形を記録できる装置も開発されており，侵入した雷電流のエネルギーがわかるようになり，SPDへの影響も判断できるようになった。

(c) 落雷情報配信サービス[6.2]

日本の主要地点に配置された環境センサネットワークと独自の解析技術によって落雷地点を地図上にマッピングし，ブラウザを通して実況値として確認することができる。ユーザが指定した地点から半径5〜200 kmの範囲で，60分前からの大地および雲間の雷放電を確認することができるため，落雷に対する対応や保守点検が効率的になる。図6.12に例を示す。また，同実況値を初期値とした独自のシミュレーションにより，現時刻から24時間先までの落雷予測が可能である。さらに，独自のシミュレーシ

6章 保守点検および落雷情報配信

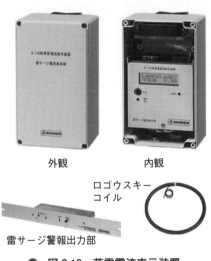
外観　　　　内観
ロゴウスキーコイル
雷サージ警報出力部

● 図6.10　落雷電流表示装置

● 図6.11　落雷電流波形測定装置

ョンに加え，気象予報士による総合的な予測判断サービスも可能となっており，設備運用における有効なサービスとして提供できる。

　過去の落雷情報も提供可能であり，**図6.13**に例を示すように，設備の被害発生時刻における設備周辺への落雷の有無や落雷電流の規模などがわかることから，被害要因の特定や状況判断に役立つ。

6.4 その他の保守点検装置

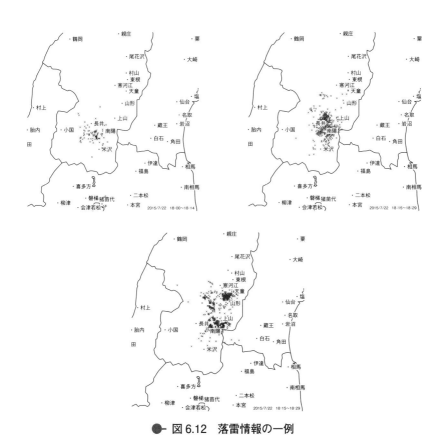

● 図6.12　落雷情報の一例

6章 保守点検および落雷情報配信

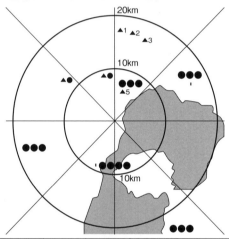

No	日付	時刻	緯度	経度	中心からの距離（km）	電流値（A）
1	201△/△/△	10:30:36	3◇.74633	13◇.49814	12.13	41309.8
2	201△/△/△	10:31:44	3◇.82638	13◇.62788	17.11	31195.0
3	201△/△/△	10:33:51	3◇.81259	13◇.65463	16.29	29132.8
4	201△/△/△	10:33:51	3◇.82885	13◇.61296	17.18	15342.4
5	201△/△/△	10:41:56	3◇.72529	13◇.60931	5.73	24827.2
6	201△/△/△	10:51:49	3◇.75490	13◇.58158	8.96	27485.0
7	201△/△/△	11:10:30	3◇.63950	13◇.78617	18.53	2429.7

Copyright©Weather Service Co., Ltd. All Rights Reserved

● 図6.13 落雷位置標定の一例

おわりに

　近年の急速な技術の進歩によって情報社会が高度化され，使用する機器の扱う電圧も低くなってきているとともに，ネットワークを構築することが当たり前のようになってきており，ますます過電圧に対する絶縁強度が弱くなってきている。電力会社や放送事業者，通信事業者ならびに鉄道事業者でもこのような電気・電子機器を扱うようになったことで，以前の雷被害状況から少し異なる雷被害が発生している。それに対し経済的かつ効果的に対策を施すための手法や注意点について本書は示してきた。言い方が悪いかもしれないが，雷被害は地震被害などと比較して地味な部分があり，被害を受けたとしても，すでに保険で直した，ということもしばしばである。繰り返しになるが，ICT社会では，雷によって情報が遮断されたとたんに社会生活に重大な影響を与える。雷被害を防ぐためにLPSやSPDによる対策を講じているものの，雷被害の根絶にはいたっていないのが現実であり，雷被害を少しでも減らそうとメーカーの技術者が努力しているのも現実である。

　話は変わるが，歴史の教科書の内容も昔と今では違ってきている。例えば，平賀源内が1776年に「エレキテルを発明」したと昭和生まれのわれわれは習ってきた。

　しかし今ではどうだろう？

　平賀源内，1776年に「エレキテルを修理して復元」となっている。

　雷の世界も同じであり，雷現象や雷対策の技術がさらに進歩することで画期的な理論や手法が開発されるかもしれない。本書では今現在における最新かつ最善の雷保護技術について現場調査を中心に紹介してきた。本書が雷害対策の考案者や設計者などに少しでも参考になれば幸いである。

参考・引用文献

1章

参考文献

(1.1) 気象庁:「雷雨10年報:昭和29年(1954年)—昭和38年(1963年)」,気象庁,(1968)

(1.2) 横山他:「雷と高度情報化社会」,電気設備学会,(1999)

(1.3) JEC 0202-1994:「標準インパルス波形」,電気規格調査会標準規格,(1994)

(1.4) JIS Z 9290-4:2009:「雷保護—第4部:建築物内の電気及び電子システム」,日本規格協会,(2009)

(1.5) 堀,松岡,野澤:「低圧配電線の雷サージ電流の実測と観測について」,昭和62年電気学会全国大会,No.1071,(1987)

(1.6) 電気共同研究:「配電系統の接地設計の合理化」,第63巻,第1号,(2007)

(1.7) 今井,佐藤:「低圧配電線に発生する雷過電圧の観測」,昭和64年電気学会全国大会,(1989)

(1.8) 古賀,元満,田口,貝津,山口:「通信線路端末に現れる雷サージ波形の特性」,信学論(B),J64-B7,(1981)

(1.9) 横山他:「電気・電子機器の雷保護」,電気設備学会,(2011)

(1.10) 三木他:「雷保護システムの設計・施工・検査及び保守点検の実務」,雷保護システム普及協会,(2005)

(1.11) 新エネルギー・産業技術総合開発機構:「太陽光発電システム落雷の状況・被害低減対策技術の分析・評価などに係わる業務」,

平成 21 年度成果報告書，(2009)
(1.12) 大味：「信号機器の雷害対策 (1)」，鉄道と電気技術，Vol. 20 No.4, pp61-65，(2009)

引用文献

(1.1) 気象庁：「雷雨 10 年報：昭和 29 年 (1954 年)―昭和 38 年 (1963 年)」，気象庁，(1968)
(1.2) 横山他：「雷と高度情報化社会」，電気設備学会，(1999)
(1.3) 堀，松岡，野澤：「低圧配電線の雷サージ電流の実測と観測について」，昭和 62 年電気学会全国大会，No.1071，(1987)
(1.4) 電気共同研究：「配電系統の接地設計の合理化」，第 63 巻，第 1 号，(2007)
(1.5) 今井，佐藤：「低圧配電線に発生する雷過電圧の観測」，昭和 64 年電気学会全国大会，(1989)
(1.6) 古賀，元満，田口，貝津，山口：「通信線路端末に現れる雷サージ波形の特性」，信学論 (B)，J64-B7，(1981)
(1.7) 「雷保護システムの設計・施工・検査及び保守点検の実務」，雷保護システム普及協会，(2005)
(1.8) 横山他：「電気・電子機器の雷保護」，電気設備学会，(2011)
(1.9) 大味：「信号機器の雷害対策 (1)」，鉄道と電気技術，Vol. 20 No.4, pp61-65，(2009)
(1.10) 柳川他：「重要文化財建造物等の雷保護に関する実態調査」，電気設備学会全国大会，(2013)
(1.11) 柳川：「空港における避雷設備」，電気設備学会誌，pp344-348，(2007)

参考・引用文献

2章

参考文献

(2.1) 「雷保護システム技術解説書」,日本雷保護システム工業界,(2014)

3章

参考文献

(3.1) JIS Z 9290-3:2014:「雷保護―第3部:建築物等への物的損傷及び人命の危険」,日本規格協会,(2014)

(3.2) JIS A 4201:2003:「建築物等の雷保護」,日本規格協会,(2003)

(3.3) 加藤他:「進化する通信インフラに対応した接地技術」,NTT技術ジャーナル,(2007)

(3.4) 三木他:「雷保護システムの設計・施工・検査及び保守点検の実務」,雷保護システム普及協会,(2005)

(3.5) JIS C 60664-1:2009:「低圧系統内機器の絶縁協調―第1部:基本原則,要求事項及び試験」,日本規格協会,(2009)

(3.6) JIS Z 9290-4:2009:「雷保護―第4部:建築物内の電気及び電子システム」,日本規格協会,(2009)

引用文献

(3.1) 横山他:「電気・電子機器の雷保護」,電気設備学会,(2011)

4章

参考文献

(4.1) 横山他:「電気・電子機器の雷保護」,電気設備学会,(2011)

(4.2) S. Yanagawa, K. Yamamoto:「A Study of the Transient Characteristic of the Deep Buried Independent Grounding Wire」, ALPF 2009, (2009)
(4.3) 柳川他:「実機風力発電システムの接地特性」, 電気学会 放電／開閉保護／高電圧合同研究会, ED-09-169, SP-09-40, HV-09-49, (2009)
(4.4) 内藤他:「大規模太陽光発電設備にあるSPDの過渡特性」, 電気設備学会全国大会, (2013)

引用文献

(4.1) 林他:「新雷対策設計ガイド」, 日本雷保護システム工業会, (2015)
(4.2) 横山他:「電気・電子機器の雷保護」, 電気設備学会, (2011)
(4.3) 柳川他:「実機風力発電システムの接地特性」, 電気学会 放電／開閉保護／高電圧合同研究会, ED-09-169, SP-09-40, HV-09-49, (2009)
(4.4) 内藤他:「大規模太陽光発電設備にあるSPDの過渡特性」, 電気設備学会全国大会, (2013)
(4.5) 柳川他:「重要文化財建造物等の雷保護に関する実態調査（その3）」, 電気設備学会全国大会, (2013)
(4.6) 柳川:「空港における避雷設備」, 電気設備学会誌, pp344-348, (2007)

5章

参考文献

(5.1) 横山他:「電気・電子機器の雷保護」, 電気設備学会, (2011)

参考・引用文献

(5.2) 「電力通信耐雷設計」, 電気共同研究会, 第45巻 第3号, (1990)

(5.3) 柳川:「実務者のための接地技術(2)」, 鉄道と電気技術, Vol.15 No.9, (2004)

(5.4) 柳川:「雷から高度情報化社会を守るには〜雷害とその対策〜」, 日本信頼性学会誌, pp.351-357, (2008)

引用文献

(5.1) 横山他:「電気・電子機器の雷保護」, 電気設備学会, (2011)

(5.2) 「電力通信耐雷設計」, 電気共同研究会, 第45巻 第3号, (1990)

(5.3) 柳川:「実務者のための接地技術(2)」, 鉄道と電気技術, Vol.15 No.9, (2004)

(5.4) 柳川:「雷から高度情報化社会を守るには〜雷害とその対策〜」, 日本信頼性学会誌, pp.351-357, (2008)

6章

参考文献

(6.1) 三木他:「雷保護システムの設計・施工・検査及び保守点検の実務」, 雷保護システム普及協会, (2005)

(6.2) 落雷情報配信サービス http://www.otenki.co.jp/

索　引

欧文・数字

1ポートSPD ……………………… 68
2ポートSPD ……………………… 68
ABD ……………………………… 73
A型接地極 ……………………… 135
B型接地極 ……………………… 135
B種接地 ………………………… 116
C2 ………………………………… 93
C極 ……………………………… 157
D1 ………………………………… 93
FDTD法 ………………………… 123
GDT …………………………… 62, 69
IEC ………………………………… 47
I_{imp} ………………………………… 81
IKL (Isokeraunic Level)マップ …… 10, 11
I_n ………………………………… 81
IT系統 …………………………… 86
JIS A 4201：2003　建築物等の雷保護
　………………………………… 47
JIS C 5381　シリーズ ……………… 49
JIS Z 9290-4：2009　建築物内の電気及
　び電子システム ………………… 48
LPS ……………………………… 50
LPZ ……………………………… 90
MOV ………………………… 73, 75
PCS ……………………………… 122
P極 ……………………………… 157
RS485 …………………………… 125
SPD ………………………… 48, 68
TN系統 ………………………… 86
TSS ……………………………… 69
TT系統 ………………………… 86
U_c ………………………………… 81
U_{oc} ………………………………… 81
U_p ………………………………… 83
U_T ………………………………… 81

あ行

アルミ笠木 ……………………… 106
アレスタ（バリスタ）チェッカー … 169
安全サイド ……………………… 127
異周波測定計 …………………… 155
一般住宅 ………………………… 20
インパルス放電開始電圧 ………… 71
ウィンドファーム ……………… 120
エアギャップ …………………… 69

か行

階層間 …………………………… 23

索 引

外部LPS ……………………………… 50
外部雷保護システム ………………… 50
夏季雷 ………………………………… 5
ガス入り放電管 …………………… 62, 69
カテゴリI ……………………………… 87
カテゴリII ……………………………… 87
家電機器 ……………………………… 20
過渡接地インピーダンス ………… 120, 140
過渡接地特性 ……………………… 120, 139
加入者用保安器 ……………………… 108
雷電流計測装置 ……………………… 170
雷保護システム ……………………… 50
雷保護専門委員会（TC81） ………… 47
雷保護ゾーン ………………………… 90
雷保護に関する関連法規と規格 …… 47
環境計測装置 ………………………… 122
監視カメラ ………………………… 24, 128
基地局 ………………………………… 28
逆フラッシュオーバ ………………… 26
逆流雷 ……………………………… 9, 114
ギャップ方式 ………………………… 163
給電線 ………………………………… 30
共通接地方式 ………………………… 63
記録 …………………………………… 153
金属酸化亜鉛バリスタ方式 ………… 163
金属酸化物バリスタ ………………… 73
空港施設 ……………………………… 129
空港設備 ……………………………… 40

クラスI SPD ………………………… 80
クラスII SPD ………………………… 80
クラスIII SPD ……………………… 80
形状 …………………………………… 135
検査 …………………………………… 153
航空法 ………………………………… 131
工場 ……………………………… 20, 23
"構造体利用"接地極 ……………… 135
国際電気標準会議 …………………… 47
故障モード …………………………… 83
戸建住宅 ……………………………… 20
コンクリート破損 …………………… 105

さ行

サージカウンタ ……………………… 170
サージ保護サイリスタ ……………… 69
サージ保護デバイス ……………… 48, 68
シールド ……………………………… 97
自火報設備 …………………………… 128
自動火災報知装置 …………………… 23
自動消火設備 ………………………… 40
遮断 …………………………………… 66
遮断器 ………………………………… 84
集合住宅 ……………………………… 23
重要文化財建造物 ………………… 39, 127
需要家引込み線 …………………… 16, 17
受雷部 ………………………………… 19

受雷部システム	55
消火設備	40, 128
信号・通信・制御回路用SPD	93
深埋設絶縁独立接地	118
垂直方向	114
正極性	16
制限電圧	74
静電移行率	97
静電遮断	97
静電的遮断	66
静電分圧	98
静電誘導	66
絶縁化	126
絶縁形	97
絶縁区間	117
接続導体	144
接続箱	125
接地極の長さ	117
接地極の埋設深さ	117
接地システム	57, 114
接地線	88
接地線のインダクタンス	147
接地線の長さ	144
接地線の敷設方法	136, 146
接地端子（バー）	112
接地抵抗	114, 154
接地抵抗計	154, 155
接地抵抗の低減	64
接地バー	144
相互インダクタンス	67
測定器	154
測定方法	154

た行

耐インパルスカテゴリ	87
大地比抵抗計	155
大電流特性	139
太陽光発電システム	34, 122
耐雷トランス	97
断面積	144
中継所設備	28
直撃雷	9
直撃雷電流の累積頻度分布	15
直流動作電圧	75
直流放電開始電圧	70
低圧電源回路用SPD	80
定期検査	153
定期点検	160
定電圧ダイオード	73
鉄道システム	34, 126
電圧降下分	147
電圧降下法	155
電圧スイッチング形SPD	69
電圧制限形SPD	73
電圧補助極P	157

索 引

電位傾度	142
電位差	142
電極区間	117
電源用保安装置	97
電磁誘導	66
伝送システム	125
電流波形とパラメータ	14
電流補助極C	157
電力設備	25
等価半径	142
冬季雷	5
等電位化	61, 109, 126
導波管	30
突角部	106
トライアック	69

な行

内部LPS	50
内部雷保護システム	50
日常巡視点検	160
年間雷雨日数	10

は行

配線長	110
配電線	16
バイパス方式	63
波形	13
波頭長	13
波尾長	13
バリスタ電圧	75
反射・振動現象	88
引込み方法	136
引込みルート	114
引下げ導線システム	56
標準インパルス波形	13
避雷設備	47
ビル設備	20, 23
ファラデーケージ	58
風力発電システム	31, 120
フェールセーフ性	127
負極性	16
複合形SPD	76
プラグイン化	161
フラッシュオーバ	26
プラント設備	20, 23
フローチャート	166, 168
分電盤	110
分離機	84
別接地	149
変圧器	59
放送設備	23
放送中継所	29
放流形	97
保管	153

保護協調	126
保護レベル	56
保守点検	153

ま行

マイクロ無線中継所	28
埋設地線	140, 141
メガソーラー発電システム	34

や・わ行

誘導雷	9
落雷回数	10
落雷情報配信サービス	171
落雷電流波形測定装置	172
落雷電流表示装置	170, 171
螺旋上	148
臨時点検	160

●著者略歴

柳川　俊一（やながわ　しゅんいち）

1961年神奈川県生まれ
1985年3月　東海大学工学部電気工学科卒
1985年4月　(株)昭電　入社
1990年10月～　大阪工場～成田工場に勤務
2000年10月～　テクノセンタ　技術開発部　配属　現在に至る
　　　　　　　主として雷害対策の製品開発，技術検討業務に従事
　　　　　　　雷被害の調査・解析・検討に基づき，新製品の開発を行っている
電気学会，電気設備学会，電子情報通信学会等会員
2012年3月　発明大賞　発明功労賞受賞（日本発明振興協会）
2013年4月　文部科学大臣表彰　科学技術賞受賞
2015年6月　星野賞受賞（電気設備学会）
主な論文
Lightning Surge Response Characteristics of SPDs Used for Protecting an Electronic Apparatus; APEMC, Beijing, China, 2010
Measurements of Transient Grounding Characteristics of a MW Class Wind Turbine Generator System and its Considerations; ICLP, Vienna, Austria, 2012　他

よくわかる
雷サージ対策技術

NDC 542.18

2015年8月31日　初版1刷発行

（定価はカバーに表示してあります）

　　Ⓒ著　者　　柳川　俊一
　　　発行者　　井水　治博
　　　発行所　　日刊工業新聞社
　　　　　　　　〒103-8548
　　　　　　　　東京都中央区日本橋小網町14-1
　　　電　話　　書籍編集部　03 (5644) 7490
　　　　　　　　販売・管理部　03 (5644) 7410
　　　Ｆ Ａ Ｘ　　　　　　　　03 (5644) 7400
　　　振替口座　00190-2-186076
　　　Ｕ Ｒ Ｌ　http://pub.nikkan.co.jp/
　　　e-mail　　info@media.nikkan.co.jp
　　　印刷・製本　美研プリンティング

落丁・乱丁本はお取り替えいたします。　　2015 Printed in Japan
ISBN 978-4-526-07450-9　C3054

本書の無断複写は、著作権法上の例外を除き、禁じられています。